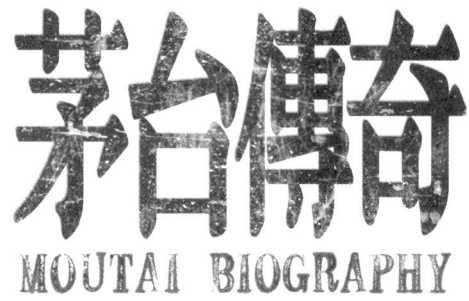

吳曉波 著

高粱,小麥,水。
——茅台酒配料表

醉後不知天在水，滿船清夢壓星河。
——〔元〕唐珙，《題龍陽縣青草湖》

在酒神頌歌裡，人受到鼓舞，
最高程度地調動自己的一切象徵能力。
——尼采，《悲劇的誕生》

目錄

| 前言 | 茅台六法：向茅台酒學什麼？ | 13 |
| | 釀酒術語 | 30 |

上部
燒房時代（1704—1950）

01	茅台鎮的夜	凌晨三點的茅台鎮	34
		全中國最神祕的「酒谷」	36
		濮僚、夜郎國與阿永蠻	39
		馬桑灣、茅台與赤水河	41
		仁岸與鹽商	44
		枸醬與茅台的酒	49

02	白酒的起源	酒與酒神精神	53
		酒麴：第五大發明	55
		「百禮之會，非酒不行」	57
		黃酒與白酒：名士與光棍	60
		杏花村裡說酒史	62
		茅台酒的三種起源說	64

		茅台酒技藝：因地制宜，遵時順勢	69
		疊加型創新的產物	71
03	華家與王家	1862 年：成義燒房	73
		第一代「茅粉」：周省長	76
		1879 年：榮和燒房	78
		1915 年：在巴拿馬萬國博覽會上獲獎	83
		燒房打官司，省長和稀泥	86
04	「毛澤東由此渡河」	1935 年：三渡赤水在茅台	90
		酒入鋼鐵腸，百轉釀豪氣	91
		周恩來為什麼偏愛茅台酒	97
		「是假是真我不管，天寒且飲兩三杯」	100
05	賴茅十三年	遍地都是「茅台酒」	104
		賴茅的誕生	107
		賴永初：一個懂兌營的商人	111
		在機場和電影院推廣茅台酒	113
		「歷史的時間」在別處	115

中部
酒廠時代（1951—1978）

06	三房合併	革命襲來時的不同命運	120
		「開國國宴」用的誰家酒	122
		建廠日	125
		第一任廠長：「張排長」	129

07	「最特殊」的茅台酒	茅台成了「國家名酒」	136
		「部裡最關心兩個酒」	139
		1噸酒換40噸鋼材	140
		酒瓶創新與飛天商標	142
		「MOUTAI」與中國外交	149
		極為嚴苛的品控體系	152

08	在傳統中「掙扎」	1954年：師徒制的恢復	154
		「張排長」為什麼被撤職	158
		不在主流的趨勢中	163
		傳統的「然」與「所以然」	165
		1957年：第一套「茅台酒的生產概述」	168

09 「搞它一萬噸」茅台酒	杜甫草堂的對話	173
	「全省保茅台」	175
	「800噸土酒事件」	178
10 「茅台試點」	1963年：第二屆全國評酒會	184
	周恒剛的「倒插筆」法	186
	什麼是「天人合一」	189
	三種典型體的發現	191
	「汾酒試點」同步突破	194
	難忘的試點歲月	195
11 「我們是如何勾酒的」	季克良來了	198
	他看見了燒房裡的微光	202
	1965年：一鳴驚人的勾酒論文	204
	背了三年酒麴的大學生	208
12 艱難的秩序恢復	1972年：尼克森訪華	211
	兩個割裂的存在	214
	寬厚的鄧開良	217
	從「九條經驗」到工人大學	221
	1978年：扭虧為盈	224

下部
激蕩時代（1979 年至今）

13	一香定天下	1979 年：香型的誕生	230
		具有標誌意義的「十條措施」	235
		酒師制的恢復與 TQC 小組	239

14	雙重焦慮	規模：增長之王	244
		兩次失敗的易地試驗	245
		1984 年：800 噸擴建	248
		1986 年：去人民大會堂開獲獎紀念會	252
		被養在「溫室」的痛苦	254

15	到哪裡去賣茅台酒	「要買真茅台，請到此地來」	258
		飛天商標的隱患	263
		而今邁步從頭	265

16	亂世定力	五糧液對汾酒的戰勝	270
		酒鬼與秦池的逆襲	273
		彷徨中的多元化嘗試	276

	定力之一：堅守固態法釀酒	277
	定力之二：堅持品質第一原則	279
	定力之三：堅定超級單品戰略	282
	陳年酒、訂製酒與生肖酒	284
17 「恩人」	1998年：銷售公司的創建	288
	喝了「壯行酒」去賣酒	290
	誰是第一批經銷商	294
	風雨同舟	297
18 原產地效應	上市與破萬噸	300
	亂象：家家都釀茅台酒	303
	全球釀酒企業最多的小鎮	304
	「離開茅台鎮就生產不出茅台酒」	307
	良性的醬酒生態秩序	311
	容易被「誤讀」的茅台	313
	且留一分交付天	316

19	**用戶心智體系**	「茅粉」如何抵制假茅台	320
		功能認知:「不上頭」和「不傷肝」	323
		社會認知:最好的蒸餾酒	326
		情感認知:在最重要的時刻想起它	329
		增值認知:愈陳愈香,愈陳愈貴	333
20	**時間與資本**	茅指數:題材、現象或信仰	336
		2012 年:雙殺式危機	338
		最看好茅台酒的人是誰	339
		「保芳書記」與「三個一」	342
		長期主義的價值點	346
21	**茅台的年輕與科學精神**	i 茅台:搶占年輕人的心智	351
		「尊天時,敬未來」	354
		行走在可口可樂與蘋果之間	356
		「一萬個味蕾猛地都甦醒了」	359

後記 364

前言

茅台六法：向茅台酒學什麼？

茅台酒的配料表裡只有五個字：高粱，小麥，水。

我寫《茅台傳奇》，只為了回答一個問題——

為什麼這三種地球上最普通的物質，能釀造出最複雜、醇厚的酒，並且成就全球市值最高的酒企和中國 A 股市值最高的製造企業？

從《騰訊傳》到《茅台傳奇》

我是一個計劃性很強的人，但總架不住有一些工作會突然冒出來，像一隻隻「好奇的貓」撞了我的腰。

寫騰訊和茅台這兩家公司，都是類似的經歷。

2011 年的春天，騰訊的兩位主要創辦人張志東和許晨曄到杭州來找我，我請他們在龍井村喝新茶。一坐下來，他們就說：「能不能寫一本騰訊的書？」當時，轟動商業界的「3Q 大戰」剛剛打完，騰訊贏了市場卻輸掉了輿論。所有的騰訊人都十分沮喪和鬱悶，他們終於想到，寫一本書把自己的成長史和商業邏輯講講清楚。

我想了兩個月，終於答應接下這份工作。當時我就提了兩個條件：我要能訪談到想訪談的人並查閱所有的原始資料，公司不可干預我的創作自由。騰訊爽快地答應了。

《騰訊傳》原本計畫在 2013 年出版，配合公司成立 15 周年的節點。沒想到，一寫就是整整 6 年，到 2017 年年初才正式出版。這期間，騰訊推出微信，搶到了中國移動互聯網浪潮中最重要的一張船票，繼而進行了兩次組織架構的調整，並嘗試風險投資的佈局，市值從 3000 多億元暴漲到 2 萬億元，成為中國上市公司第一股。而我自己也在 2014 年推出了「吳曉波頻道」公眾號，身不由己地捲入了自媒體的創業浪潮之中。

　　事實上，對一家企業深入調研並進行創作，如同一次智力探險，是一個總結梳理的過程，更是對很多新知識的學習過程。在《騰訊傳》的創作中，我重新理解了「產品」的意義，第一次思考生態型組織的養成模式，在與決策層的不斷交流中，總結出了「小步快跑，試錯反覆運算」的騰訊經驗。

　　這些發現，都不在最初的寫作提綱或規劃裡，而是馬拉松式調研之後的結果。從這個意義說，作者與創作物件在博弈之中互相成就。

　　在完成《騰訊傳》後，我決意不再為單一企業寫傳記。對我來說，這實在是一份過於費時和煎熬的工作。但是沒有想到，這一次我居然還是為茅台破了戒──希望這是最後一次。

　　茅台酒廠找到我是在 2020 年。這家企業是 1951 年創建的，找我寫書的初衷也是配合企業成立 70 周年的慶典。我不善飲酒，對白酒業也不太熟悉，所以第一次見面之後便委婉地推託了。茅台的朋友說，不管寫不寫，來酒廠走走吧。於是在後來的半年裡，我去了兩次茅台鎮，最後還是決定接下這個工作。

　　下決心寫茅台，還是被好奇心「害」的。

　　相比年輕而生機勃勃的深圳騰訊，茅台酒廠地處雲貴大山的一個

河谷，是一家典型的傳統工藝型製造企業。它的演進速度如同它釀的酒，貌似靜止，實則剛烈，緩慢而與時間同行。它對工藝和技術的理解，與互聯網人全然不同。如果說，騰訊的企業史是一部「從 0 到 1」的爆發史，那麼，茅台的歷史就是一部從傳統向現代、從「玄學」向科學衍變的釀造史。

這似乎是中國式企業成長的兩極——一個從創新出發，一個從傳統出發——最終都成為萬億級市值的巨型公司。它們的發展史都是教科書級的。

茅台到底能不能學？

「聽說你在寫《茅台傳奇》？」來詢問的人大多神情有點詫異，接下來的話茬兒基本上是往兩個方向奔去的：

「能不能弄幾瓶茅台酒來喝喝？」

「茅台有什麼好學的？」

我的朋友和學生裡，很少有不愛喝茅台酒的，而他們又大多覺得這家公司太神祕了，不知道從它身上可以學到什麼。

我告訴他們，其實茅台酒廠不是一家百年企業，從三家破敗不堪的燒房[1]合併算起，到我寫書的時候，剛剛 70 年。聽到這裡，大家覺得有點意外。

然後，我告訴他們，這家酒廠並不是生來就光鮮的，它曾經有長

1　在歷代的各類史料中，「酒房」「酒坊」「燒房」「燒坊」等提法時常換用，為方便閱讀，除引用歷史資料，本書統一為「燒房」。

達16年的虧損期，到2003年才突破年產萬噸的大關。大家更意外了。

茅台酒很熟悉，茅台酒也很陌生。

茅台的傳記確實不太好寫，它太傳統，太單一，名氣太大，創新貌似太少。

茅台酒的配料只有三種：高粱、小麥、水。那麼，用它們釀出來的酒，為什麼能成為當代商品史上的一個傳奇？

這個問題裡面有三個關鍵字。

複雜醇厚：如果沒有茅台酒，世界上就缺少了一種叫「醬香」的香味。這種香味從第一瓶酒誕生到完成定型，經歷了147年，是幾代人持續接力的結果。這不是一個必然的過程，而是充滿了產品創造的所有曲折與戲劇性。

超級單品：茅台酒是中國第一梯隊的白酒，而且這一個單品的全年營收超過1000億元。全球類似的「超級單品」還有三個，分別是可口可樂、百事可樂和蘋果手機，但茅台酒在產品特質上又與它們大異其趣。

市值最高：這是一家產品毛利率高達93%的企業，它的市值超過了中國所有的工廠、銀行和能源企業，這讓它成為資本市場的一個異類。一直到今天，有人視之為「恥辱」，有人視之為榮耀。

茅台酒的標本價值，並不完全在於它的獨一無二，更在於它的普適性。它是中國傳統手工業向現代製造企業演進過程中的一個樣本，是中國文化元素在消費品市場上的一次價值體現，也是企業通過文化行銷和價格錨定形成競爭優勢的一個經典案例。

「茅台六法」之一：今人未必輸古人

研究茅台酒案例，一種最為普遍的看法是：茅台人是「老祖宗賞酒」，祖上傳下一個釀酒祕方，你只要老老實實地把它接住，傳承下去，就一定能「吃喝百年」。

這是對茅台酒乃至中國傳統工藝產業最大的誤讀。

童書業在《中國瓷器小史》一書中說：「任何物品從發展的角度看，總是古不如今的。」[2] 我深以為然。

古法未必最佳法，今人未必輸古人。

純手工的作品，比如雕一件玉器、打一張椅子、繡一頂鳳冠，古人做工精細，後人有可能很難超越，但凡稍有技術含量的，後人必定有趕超古人的能力。

白酒的釀造工藝，涉及原料、窖池、用水、勾兌及貯藏等多個環節。一瓶茅台酒的釀造須經過30道工序、165個工藝處理，全部釀造流程至少經歷5年時間，這中間的每一處都存在被改良的機會點。它可能是工藝流程上的優化，也可能是新材料的替代，以及技術手段上的效率和品質提升。

尤為重要的是，今人對生產元素和原理的理解，遠非古人可及。古人往往知其然，而未必知其所以然。

比如喝酒容易上頭，那是什麼原因導致的，古人肯定不知道。我們現在知道，是因為發酵產生的酸酯比例不協調，醛類、雜醇油等低

---

2 童書業，《中國瓷器小史》，北京人民出版社，2019年。

沸點物質含量高。所以，只要能夠降低它們的比例，就可能造出不易上頭的酒。季克良在1965年的一次實驗中便發現，茅台酒貯藏兩年之後，酒液中的硫化氫成分會大比例降低，而其他白酒則沒有這一變化。

再比如，燒房時代的茅台酒，在包裝上特別突出用的是清洌的泉水。在一般的認知中，泉水肯定好過河水。歐陽修的《醉翁亭記》中，便有「臨溪而漁，溪深而魚肥。釀泉為酒，泉香而酒洌」的名句。但是，後來的茅台酒師們發現，泉水屬「重水」，赤水河的水屬「輕水」，釀茅台酒，輕水好過重水。所以，現在的茅台酒均用河水釀造。

又比如，釀造茅台酒的窖池不同於生產濃香型白酒的泥窖，前者的窖壁由當地的石塊砌成。從後來發掘的舊窖看，燒房時代的窖池大多數為碎石窖，易透氣，容易燒幹酒糟。今天的窖池全數採用整齊的條石。這樣的細節還有很多，比如，用曲的數量及品種，取酒的溫度，勾兌的比例，酒醅的堆積面積，等等。

在茅台酒的工藝中，也有改良之後重新回到古法的案例，比如踩麴。燒房時代是人工踩麴，到1967年發明瞭製麴機，改為機器製麴；然而1986年，酒廠又改回人工踩麴。這一反復的原因是，在對比研究中發現，人工踩麴的方式對酒麴的品質確有幫助，而這是建立在理化分析的基礎上的。

所以，如果讓一位20世紀20年代的酒師與一位21世紀20年代的酒師「鬥法」製酒，一瓶酒的高低很難比較，但若是釀100噸酒，後者勝出的概率幾乎是100%。

發生在茅台酒上的事實，同樣體現於其他的中國傳統工藝產業上，如中藥、陶瓷、絲綢和茶葉等。

「茅台六法」之二：定規則者得天下

法國有句諺語：「好的匠人在嚴格的規矩中施展他的創造才能，而偉大的匠人則試圖創造規矩。」

它道出了商業競爭的第一法則：掌握規則話語權的人，掌握這個世界。

許多品牌都樂於構建自己的「神話起源」：歷史悠久，祖上威武，神人出現，獨家祕傳。

事實上，深入探究細節，幾乎沒有一個是經得起推敲的。

中國烈性白酒的歷史並不悠久，大抵成熟於14世紀的元末明初。白酒蒸餾術並非華夏原創，而學自中東的波斯人，李時珍在《本草綱目》中也提及蒸餾酒技術來自西方世界。在這一點上，學界頗有爭論，我從李時珍。清末民初以前，文人官宦以黃酒為貴，白酒並非大雅之物。早年白酒釀製的繁榮地區，是山西和陝西，川酒傳其法而更新之。

20世紀之後，中國白酒分為兩大流派，即山西杏花村的汾型酒和四川瀘州的瀘型酒。茅台酒因耗糧最多、釀造時間最長，常年為售價最高的白酒，民國時期因在巴拿馬萬國博覽會上得獎而聲名鵲起。新中國成立後，茅台酒在1952年的第一屆全國評酒會上名列白酒四大「國家名酒」之一，從而奠定了它的卓越地位。在白酒流派上，茅台酒應該一直屬於川貴一脈。

在當代白酒史上，茅台酒最為驚人的創舉是：它改變了數百年來人們對白酒優劣的評價標準——從對味道的品評改為對香味的品評。

在 1964 年的「茅台試點」[3] 工作中，茅台人發現了茅台酒的三種典型體，進而把「醬香」定義為茅台酒的最根本特徵。在 1979 年的第三屆全國評酒會上，中國白酒業第一次以香型區分各大名酒，先是提出醬香、清香、濃香和米香四大香型，後來又逐漸區別為十二大香型。自此，白酒產業進入「一香定天下」的時代。

作為「香型革命」的發起者，茅台酒無疑是這次行業突變的最大獲益者。它不但參與確立了新的行業評價標準，更是擺脫了瀘系，獨立成派。

在後來的二十多年裡，在季克良等人的努力下，茅台酒廠規範了醬香型白酒的全部生產流程和工藝，把企業的生產標準升格為國家品種標準。在 21 世紀初之後，茅台酒廠又大力推進原產地保護法則，提出「離開茅台鎮就生產不出茅台酒」，從而在地理概念上進行了有效的自我保護。

從香型理論到國家標準，再到原產地保護，茅台酒廠為企業的可持續發展構建起難以攻破的護城河和城牆。

任何一家企業，從優秀到卓越，從群雄並起到「唯我獨尊」，其可能路徑無非兩條：專利技術的擁有和行業規則的制定。茅台酒在第二條路徑上的成功，可以給所有企業以最真實的借鑒。

3　1964 年，輕工業部食品局工程師帶領試點工作組到茅台酒廠開展試點工作，成立「茅台酒試點委員會」，這就是史上有名的「茅台兩期試點」

「茅台六法」之三：品質至上為信仰

在茅台酒廠，如果有企業信仰，那麼，品質是唯一的信仰。

甚至在極端惡劣的動盪年代，這一信仰仍然沒有被放棄。在那些年的「運動」中，酒廠的領導層歷經動盪，但是在1956年任命的三位技術副廠長，一直安穩地工作到退休。

這並非企業主動堅持的結果，而是由於一個特殊性：因為「三渡赤水」的特殊緣分，茅台酒深受周恩來總理及高級將領們的喜歡，早在開國大典期間，它就是指定國宴用酒之一。此外，在中國外交和外貿領域，茅台酒也一度扮演了獨特的角色。

在計劃經濟年代，茅台酒的品質管控體制非常嚴格。對酒廠而言，「品質是最大的政治」，企業可以不盈利，可以沒有規模——在很多年裡，它確實一直處在這樣的痛苦狀態下——但是酒的品質卻必須得到至高無上的保證。

久而久之，「品質信仰」融入了企業的血液，它像基因一樣不可更改。當市場經濟到來的時候，這一「偏執」的堅持讓茅台酒獲得了一大批忠誠的用戶。

甚至茅台酒的市場售價，也是由消費者決定的。20世紀80年代初，它的零售牌價為8元一瓶，但是因為內銷緊俏，在黑市的價格居然高達140元。一直到今天，茅台酒的廠家建議零售價與市場實際銷售價格之間仍然有驚人的空間，這在中國消費品領域是罕見的現象。

當企業對品質的長期堅持獲得消費者的心智認同之後，它給企業帶來的利益和防範風險的效應是難以想像的。通過對茅台史的閱讀，你最終會發現，在數十年間幫助茅台酒廠渡過一次次難關的，並非任

何聰明或高超的戰略，而是消費者的不離不棄。

資本市場對茅台股票的認同，常常被看成價值投資的一個典範，而這一認同的底層邏輯，也是投資者對產品品質的無條件認可。一家企業的可持續發展如果有前提的話，品質無疑是唯一的選項。這個道理樸素得像一句「正確的廢話」，但是能夠堅貞恪守70年的中國公司，也許只是鳳毛麟角。

「茅台六法」之四：笨人戰略慢功夫

茅台是一家慢公司。

慢到出一瓶酒要花五年的時間：從原料進廠到釀造要一年，貯藏三年，貯藏期間的基酒並非一直放著，而是需要在貯存一年後開始盤勾，盤勾後的基酒還要貯存兩年才能用於勾兌。勾兌酒再放半年，才能進行出廠檢驗與包裝。因此，一瓶茅台酒從原料進廠到包裝出廠，至少需要五年的時間。

有好幾次，季克良對我說：「我們都是一些『笨人』，笨人就有笨人戰略。一個問題我們慢慢看，慢慢想，起碼都要弄上十年。」

在很多年裡，中國市場屬於出刀快的人。天下武功，唯快不敗。慢公司和「笨人」很難站到武場的中央。

笨人戰略的第一要義，是不跟著聰明人跑，以不變應萬變。中國白酒業在產能擴張時期，從政策層到產業圈，有過一次「液態法白酒運動」，很多酒企通過人工香精和人造窖迅速提高產量。在這一浪潮中，茅台酒廠始終堅持最為傳統的固態發酵，堅持「以酒兌酒」，絕不加水，堅持酒窖的自然養成，這一度被認為是落後模式的代表。

茅台鎮的自然條件獨特，釀酒核心區內已經發現超過1940種微生物。

　　茅台酒廠建成了中國白酒業的第一個「白酒微生物菌種資源庫」。我去調研的時候，科研人員告訴我，目前確鑿認定的微生物有200多種，每年還能弄明白近20種。我一聽就有點替他們著急：「按這個速度，你們這輩子恐怕也弄不完了。」那人苦笑道：「也只能這樣了。」

　　在市場行銷上，如同所有的消費品產業，白酒業也先後經歷了規模戰、價格戰、管道戰和品牌矩陣戰，其中湧現出很多的新銳，也創造過無數的行銷「奇蹟」。而面對所有的新式戰法，茅台也許是最「遲鈍」的。它堅持限量供貨，堅持高定價，在品牌矩陣上表現得非常謹慎和克制。

　　「笨人」的優勢在於，沒有人願意而且能夠比他更「笨」。聰慧無上限，笨拙有底線，「笨人」身處底線，爭無可爭。

　　「笨」的代價是慢，是遲重，是成本高企；而得益之處是紮硬寨，打呆仗，步步為營，得寸進尺，一旦得手，絕難剝奪。當年曾國藩打太平軍，用的便是這一辦法。他說：「惟天下之至拙，能勝天下之至巧。」「多欲者必無慷慨之節，多言者必無質實之心，多勇者必無文學之雅。」

　　茅台如斯人，寡欲、少言、無勇，鈍鋒重器，故世人莫能與之爭。

「茅台六法」之五：超級單品聚焦打

　　在過去的四十多年裡，中國白酒業經歷了三個「王者年代」：從

20世紀80年代到90年代中期，是「汾老大」時期，當時的山西杏花村汾酒廠是第一家年產量過萬噸的白酒企業，靠規模制勝。

從1994年到2009年，五糧液開始統治江湖。它先後孵化了上千個子品牌，靠管道和品牌矩陣制勝。

然後，才進入「茅台酒時期」。這一時期的中國人均GDP（國內生產總值）跨越1萬美元大關，新中產帶動消費升級，品價比替代性價比成為新的核心競爭要素。

從國民消費力和審美反覆運算的角度看，具有強大文化符號的中國商品將獲得認知溢價，是毋庸置疑的規律。而從競爭的角度觀察，茅台酒的後來居上則與它堅持冒險的高定價和超級單品戰略有關。

2022年，貴州茅台酒股份有限公司實現營業收入1241億元，其中，茅台酒的營收為1000多億元，占總營業收入的85%以上。這一比例，自2004年之後幾乎沒有太大的波動，正負在3%以內。

在相當長的時間裡，茅台把53度飛天茅台酒（人稱「普茅」）作為中軸，在其之下，安排了漢醬酒、茅台王子酒和茅台迎賓酒與中高檔白酒抗衡。

2022年，茅台推出市場零售價在1200元左右的茅台1935。而更多的陳年酒、生肖酒系列，全數佈局在「普茅」之上。

從2014年開始，茅台酒推出限量版的生肖酒。一開始，它並不被市場看好。然而隨著時間的推移，品牌的價值持續放大，生肖酒開始具有了收藏屬性，在二手交易市場的價格也水漲船高。到2023年，辛醜牛年生肖酒的回收價在3400元左右，而產量最少的乙未羊年生肖酒的回收價居然高達2.8萬元。

超級單品戰略，鞏固了消費者對茅台酒的高品牌認知，同時為管

道商營造了充裕而從容的行銷和利潤空間。在全球品牌中，只有美國的蘋果手機獲得過類似的成功。

這一策略也是「笨人」哲學的一次體現——不延伸、不覆蓋、不穿透，只聚焦於消費者心智，用產品唯一性呼喚市場的熱情。我做過一個統計，從 1982 年開始，53 度飛天茅台酒的二手市場價格一直在穩定上漲，年複合增長率約為 8%。這是一個令人敬畏的資料，它意味著茅台酒擁有了硬通貨的屬性，而且不受經濟週期波動的影響[4]。

「茅台六法」之六：建構生態共同體

在白酒界，流傳著一句話：中國只有兩款白酒，一款是茅台酒，另一款是其他白酒。

說出這句話的人，大多只有羨慕嫉妒，卻沒有恨。

我見過數十位酒企的領導者，說到茅台，絕大多數人持敬重的態度。在很多人看來，正是茅台酒的高定價和聚焦策略，使得白酒產業形成了良性的梯級發展格局，這為其他著名品牌的生存以及新酒品的湧現提供了空間。

我在仁懷市和茅台鎮調研的時候發現——茅台鎮有上千個酒廠和數萬家經銷商——幾乎所有白酒行業從業者都以茅台為師，以能釀造出可以與茅台酒媲美的白酒為榮耀。如果你品嘗一口他們的酒，說一

---

[4] 保持穩定的增值，是國際奢侈品追求的目標。以勞力士手錶為例，自 1971 年之後的五十多年裡，它的年均價格上漲 6%～8%。與勞力士不同的是，茅台酒的增值是由市場交易價決定的。

句「嗯，有點茅台酒的意思」，他們臉上的驚喜之色，令人難忘。

然而，這一景象並非由來如此。

在20年前，茅台鎮的酒企魚龍混雜，醬酒市場一片混戰，甚至圍繞「賴茅」的品牌歸屬權發生了長達7年的法律糾紛。而在十幾年前，茅台酒廠也一度是「行業公敵」。圍繞著「國酒」概念，各大酒企群起而攻之，「官司」一直打到北京的有關部門。

茅台目前所擁有的地位和行業口碑，得益於它對生態的理解和維護。一個行業的生態由四類角色構成，分別是消費者、經銷商、同業者和周邊環境。茅台在處理與這四者的關係時，體現出允執厥中的大家風範。

《尚書·大禹謨》曰：「人心惟危，道心惟微，惟精惟一，允執厥中。」茅台以數十年的品質堅守，得到了白酒愛好者的由衷認同。同時，它以溫良的競合姿態，獲得了其他著名酒企及生態圈同業的尊重。

改革開放之後，茅台酒遭遇過三次重大的銷售危機，分別發生在1989年的經濟不景氣時期、1998年的亞洲金融風暴時期，以及2012年中央八項規定出臺後的一段時間，每一次都把企業逼到了瀕臨崩塌的絕境。然而，危機倒逼改革，茅台酒廠的每一個重大轉折都與這三次危機有關：第一次讓酒廠徹底剪斷了與國營專賣體系相連的「臍帶」，第二次逼出了銷售公司的組建，第三次則告別了對公務消費的高比例倚重。

在這幾次危機中，茅台酒廠始終視經銷商為「恩人」，著力呵護他們的利益。這使得企業的市場管道經受住了考驗，從而生髮出強大的忠誠力量。

茅台酒與其他名酒的恩怨化解，既是共同利益的結果，也是常年市場競合所達成的互相認同。在這一過程中，茅台酒主動退讓，海闊天空，終而形成了較為和諧的行業氛圍。

　　茅台酒廠對醬酒產區內企業的扶持更是有目共睹的。珍酒的出現，是茅台酒廠易地試驗的結果。20世紀90年代中期，習酒陷入困局，茅台酒廠出手援助。經過數十年發展，習酒再度成為百億級酒企。

　　作為一個具有強烈地域特徵的傳統工藝產品生產商，茅台酒廠於2001年提出了原產地以及核心產區保護的主張，並成功向國家質檢總局申請確定了中國白酒業的第一個原產地域範圍，即現在的「國家地理標誌產品保護示範區」。這一行動，為以茅台鎮為中心的醬酒生態區發展提供了理論和法律意義上的依據。2022年，茅台集團提出建構「山水林土河微」生命共同體，把生態建設的理念進行了進一步的提升。

　　對生態共同體的認識和實踐，是「價值創新」的一種境界。歐洲工商管理學院藍海戰略研究院主任金偉燦（W. Chan Kim）在《藍海戰略》中描述說：「擁有價值創新理念的公司，不把精力放在打敗競爭對手上，而是放在全力為消費者和自身創造價值飛躍上，並由此開創新的市場空間，徹底甩脫競爭。」

茅台酒的傳奇主角：是酒，更是人

　　在創作《茅台傳奇》的三年裡，我20餘次奔赴茅台鎮，還分別調研了五糧液、瀘州老窖、洋河、古井貢酒和汾酒等著名酒企。我曾凌晨三點去燒房現場觀摩，去製麴車間跟女工一起踩麴，到大山深處

的紅纓子高粱地裡與農戶攀談。

在這段時間裡，我跟很多釀酒人建立了友誼，特別是跟季克良，似乎有了點忘年交的意思。

記得第一次訪談季老，他拄著拐杖走進來，一臉的疲倦。訪談前，老爺子崴了腳，正在家裡休養。他背靠著沙發，有一搭沒一搭地回覆我的提問，大概每年他都會接待不少類似的訪問者。隨著提問的深入，我問到了早期一些非常具體的人和陳年細節，他突然直起身子來，眼睛直直地看著我說：「這些事情你是怎麼知道的？」

後來，我們就成了可以暢快交談的好朋友。他每次來杭州，也會提前通知我，有空了一定要一起喝頓酒。可惜我的那點小酒量，總是讓老爺子不能盡興。

有一次，我陪季克良在赤水河畔散步，他甩著手走在我前面。望著那道略有點駝彎的背影，我突然想，將近60年前，這位20歲出頭、出身南通的大學生來到這片雲貴大山裡的時候，應該想不到會度過如此奇妙的人生吧。想到這裡，我不由自主地笑出聲來。他扭頭問我：「你笑什麼？」我說：「沒什麼。」我們繼續走路。

茅台酒的故事再次驗證了我常年堅持的一個觀點：沒有一個企業和品牌的成長是「靠天賞飯」的，它歸根到底是一代人乃至幾代人奮力拚搏的結果，成之極難，毀之頗易。在所有的敘述中，企業家是一切關鍵發生的樞紐。

在商業世界裡，任何被稱為「奇蹟」的事物，都籠罩著一層不可言說的神祕面紗，讓人仰視崇拜卻不敢逼近。然而奇蹟並非天賜，它在本質上仍然是企業家創新精神的體現。它有可以追溯的演進軌跡，有內在的商業邏輯和價值模型，它並不存在於理性的認知框架之外。

人是一切的出發點，也是一切的目的地。

　　即便像茅台酒這樣被很多人視為「天選之子」的產品，也是經萬難而始成，歷百苦方不墜。《妙法蓮華經》曰：「佛道長遠，久受勤苦，乃可得成。」世事修煉，莫不如是。從茅台鎮上第一個釀出醬香白酒的工匠，到華聯輝、賴永初，再到李興發、鄒開良、季克良，以及今天的經營者們，300餘年來，他們捧水而行，戰戰兢兢，如履薄冰。

　　關於這一瓶酒和那些人，我將從它誕生的第一天開始講述。

　　這是一個漫長的故事，希望你有耐心一直聽下去。

釀酒術語

酒醅

經過蒸煮，已經發酵的釀酒原料。

踩麴

將粉碎後的小麥按一定工藝處理後，鏟進專用模具，踩麴工快速抖動雙腿，上下翻騰，將之製成一個中間高、四邊低、鬆緊適宜的「龜背形」麴塊。

上甑

把發酵好的酒醅裝到蒸餾用的甑桶裡的過程。講究輕、鬆、薄、勻、平、准，見汽壓醅。

下窖

借助簸箕或手推車等工具，將拌和、發酵好的堆積糟醅（上甑後的酒醅叫糟醅）倒入窖池內。

攤晾

糟醅出甑後，在晾堂均勻攤開、翻拌冷卻的過程。

堆積

攤晾之後的糟醅，加入大麴充分攪拌均勻，然後收起來堆在晾堂裡，堆成一座半球狀的小山。操作中溫度控制有所不同，是茅台酒固態發酵的重要工藝環節之一。

尾酒

蒸餾取酒時，最後流出的白酒被稱為尾酒。

下沙／造沙

每年在重陽節前後的第一次投料生產叫下沙。下沙後一個月，開始每年的第二次投料生產，用一半的生沙，取一半第一輪窖內發酵好的熟沙拌和蒸餾，稱為造沙。

勾酒

將茅台酒中不同香型、不同輪次、不同酒齡、不同等級的基酒進行合理配比，讓酒體達到特定的口味、口感和香氣效果。

醬香型

白酒香型的一個類別，屬大麴白酒類。其酒體風格特徵為：微黃透明，醬香突出，幽雅細膩，酒體醇厚，後味悠長，空杯留香持久。

上　部
燒房時代

1704 ～ 1950

01
茅台鎮的夜

酒冠黔人國，鹽登赤虺河。
——〔清〕鄭珍，《茅台村》

凌晨三點的茅台鎮

茅台鎮的一天，是從凌晨三點開始的。對絕大多數的城市或鄉村來說，這是夜深夢沉的時刻，月光落在空曠的耕田、街巷和大樓上，連喧鬧的麻雀或夜貓都不再外出遊蕩。

這時，茅台鎮上的酒匠們開始勞作了。

那是 2021 年 9 月初的一日，我掙扎著起床，驅車去茅台酒廠的製酒車間。汽車沿著崎嶇的山路盤旋而行，沿途偶有燈光閃爍的房屋，便是已經開工的一些私人燒房。我到製酒車間的時候，生產房裡已經熱氣蒸騰。一隻碩大的甑桶懸於半空，裡面是剛從酒窖裡取完酒的酒醅，溫度約為攝氏 98 度。它們被快速平鋪在地上，幾個年輕的製酒工光腳背手，在酒醅上來回行走，犁出一條條約 30 釐米寬的小徑。這一道工序被稱為「攤晾」。

約一個小時後，酒醅的溫度下降，於是酒匠們用鐵鏟把它們堆成一個約 1.8 米高的堆子，是為「堆積」。這是一些身材不高、體格健碩的傢伙。你仔細觀察會發現，他們兩臂的肌肉尤其結實，這當然是

⊙ 拌麴（左）、攤晾（右上）與堆積（右下）

⊙ 凌晨三點的茅台鎮

01
茅台鎮的夜

常年鏟沙的結果。在川貴燒房，「沙」是當地方言，指的不是石沙，而是高粱。

又過了一會兒，另一批剛剛出窖的酒醅被倒入甑桶裡蒸煮，是為「上甑」。這也是一個技術活，要求「輕、鬆、薄、勻、平、准」。約30分鐘後「起酒」，酒液從旁邊的冷卻管道流出。接酒工觀察溫度儀，將酒液的溫度控制在攝氏37度到攝氏45度之間。他們告訴我，溫度高了，酒的香味會散發過快，而溫度低了，則會產生刺激性高的低沸點物質。

茅台酒的釀製流程，須經過九次蒸煮、八次堆積入窖發酵和七次取酒。一個班組的酒匠，從凌晨三點開始陸續進入燒房，四點起火，工作到中午，每天完成約五甑的任務。

與其他香型的白酒不同，茅台酒釀造採取「三高」工藝，即高溫製麴、高溫餾酒[1]、高溫堆積發酵，尤其是在攤晾過程中，車間裡的最高氣溫可達攝氏40度以上。製酒分為兩個班次，早班大約從凌晨四點半開始，中班約從十一點開始，每個班組都遵循茅台傳統釀造工藝進行操作。

全中國最神祕的「酒谷」

在我的遊歷經驗中，全世界從事高端消費品製造的工匠聚集地，有兩個最富特點，一個是瑞士的汝拉山谷，還有一個就是茅台鎮。汝

---

1 餾酒：指蒸餾時酒流出來的過程。

拉山谷在瑞士西南部，毗鄰法國的普羅旺斯地區。山谷呈狹長狀，僅寬數百米，長十餘公里，內有一個雪山大湖，坡頂小屋遍布四野，一眼望去，是一個完全不起眼的瑞士村落。

17世紀初，蘇黎世等城市的鐘錶匠避難至此，讓這個窮鄉僻壤漸漸成為歐洲最著名的錶匠聚集地，進而形成一種「血統」。出生於汝拉山谷的青年人有九成以上進入鐘錶學校學習技藝。鐘錶行業在當地有四十多個工種，漸漸地形成了一個製造生態。當今的世界級奢侈手錶品牌中，愛彼、寶珀、寶璣以及江詩丹頓等都在此設有工廠，超過一半的名錶機芯出產於此。

跟汝拉山谷非常相似的是，茅台鎮沿赤水河而建，也呈現為南北走向的狹長狀，是一個「來不見頭，去不見尾」的山谷。河水由南向

⊙ 沿河而建、群山環抱的茅台鎮

北，流經北面的朱旺沱，遭到黃孔堃山脈寨子山阻截，沿對岸的朱砂堡折轉向西。兩岸的平地極窄，尤其是東岸，幾乎沿河即為山丘，局促得令人喘不過氣來。

一水穿過，三面環山，將一塊凹地環抱其中，由此形成了一個獨特的小氣候：冬暖，夏熱，少雨。在平均海拔 2700 米的雲貴高原，茅台鎮的海拔只有 400 多米。這裡的年平均氣溫為攝氏 17.4 度，冬季最低氣溫為攝氏 2.7 度，夏季最高氣溫高達攝氏 40 多度，炎熱季節持續半年以上。年降水量僅有 800～1000 毫米，年日照時間長達 1200 多小時，為雲貴高原最高值。這裡的空氣濕度和溫度為微生物群繁衍生息提供了絕佳條件。全鎮總面積 87 平方公里，而鎮區面積只有 2 平方公里。在方圓幾十平方公里之內，聚集了 1700 多家生產醬香型白酒的大小燒房。

本書即將講述的這家企業——中國貴州茅台酒廠（集團）有限責任公司占據了茅台鎮最核心的地帶，赤水河右岸較為平坦的土地幾乎都屬於它。可以肯定地說，如果沒有它，茅台鎮將微不足道；而有了它之後，不僅茅台鎮，甚至連中國的白酒產業也因此改變了走向，進而，當代中國的消費審美趣味也發生了改變[2]。

這是一個悠長的故事，充滿了神祕感和偶然性。它既是商業的，更是文化的；它是歷史的，又極具當代性。

2　茅台鎮因茅台酒而成為經濟強鎮，在 2023 年賽迪顧問與賽迪四川發佈的全國百強鎮榜單中，茅台鎮名列全國第三。

濮僚、夜郎國與阿永蠻

茅台鎮地處東經 106°22'，北緯 27°51'，隸屬貴州省遵義市的仁懷市。在人類文明史上，北緯 25°～35° 是一個頗為神奇的緯度區間。中國的長江、埃及的尼羅河、流經敘利亞和伊拉克的幼發拉底河、美國的密西西比河，均是在這一緯度區入海。中國的良渚及三星堆、埃及金字塔、古巴比倫王國也在這一緯度區內。

在全球釀酒業，葡萄酒的黃金種植帶在北緯 37°，而中國白酒產地則密集分佈在北緯 30° 上下。其中，茅台酒和五糧液都在北緯 27°，瀘州老窖、郎酒和酒鬼酒在北緯 28°，劍南春在北緯 31°，古井貢酒和洋河在北緯 33°。

與其他白酒產地相比，茅台鎮無論在地理、歷史還是經濟上，都是最邊緣的。它所在的貴州省屬西南省份，民諺云：「天無三日晴，地無三裡平，人無三分銀。」中古時期，這裡是遠離中原文明的西南夷，世居民族為「濮僚」，即現在的布朗族、德昂族和仡佬族的先祖。

有觀點認為，濮僚是古代百越系統的一脈，屬壯侗語族。在不同歷史時期，加上與其他民族雜居等原因，或稱「濮」，或稱「僚」，還有「蜀」「百濮」「諸獠」「葛獠」等多種稱呼。《新唐書·南蠻下》記載：「戎、瀘間有葛獠，居依山谷林菁，逾數百里。」指明葛獠主要分佈在川南、黔北和渝南地區，即今四川宜賓和瀘州南部與貴州遵義、畢節這一地帶。

戰國時代，這一地區有一個小國名為夜郎。司馬遷在《史記·西南夷列傳》中記載：「西南夷君長以什數，夜郎最大。」有一次，漢朝派使者出使夜郎國。國王問使者：「漢朝和我的國家哪個大？」他

問得很認真，聞者卻只能訕笑，從此在漢語裡就有了一個成語——夜郎自大。夜郎國的都城所在，後世專家尚有分歧，有說在遵義的高坪鎮，還有人認為是桐梓縣的夜郎鎮。這兩個地點，距離茅台鎮都在 200 公里以內。

距離茅台鎮約 120 公里的習水縣土城鎮，在西漢時屬犍為郡符縣，曾統管仁懷、赤水和習水，是當時的政治文化中心。在土城天堂口遺址發掘出的東漢岩墓，其墓葬格局明顯受到北方古漢人習俗的影響。這裡還出土了大量陶器，其中便有陶製釀酒器和飲酒器，女俑的髮型為盤結狀，是典型的「盤頭苗」。由此可以推斷，在兩漢時期，赤水河流域已經是漢苗雜居的地區，當地苗人受中原文化輻射，掌握了製陶和釀酒的技藝。[3]

隋代，仁懷屬瀘州；唐代，屬播州；到宋代，赤水河中下游地區隸屬潼川府路，習水、仁懷一帶為滋州，治所仍在土城。根據禹明先的考證，土城因有瓷器集市，又名磁城[4]。

當時居住在這一帶的少數民族被稱為「阿永蠻」。每年冬至以後，族人首領要帶著一支 2000 人的商隊，馱著當地釀製的「風麴法酒」，前往瀘州的官市上去交易換貨。[5] 風麴，指用桑葉包著生麴，掛在通風之處製成的酒麴。法酒，即按當時官府法定規格釀造的酒。宋人張

3　禹明先，《美酒河探源》，《赤水河流域歷史文化研究論文集（一）》，四川大學出版社，2018 年。
4　宋代稱瓷器為磁器。
5　〔宋〕李心傳，《建炎以來系年要錄》。

能臣的《酒名記》中，有「磁州，風麴法酒」的記載。[6]

因此，在較為正規的歷史文本中，黔北赤水河一帶第一次出現的酒的品類名稱為「風麴法酒」。

馬桑灣、茅台與赤水河

茅台鎮的先民為濮僚人，日後演化為仡佬族的一支。後世對濮僚人的瞭解不多，不過這應該是極有生活情趣和智慧的一族人。早些年，我曾去雲南做過茶葉的歷史溯源，普洱茶技藝的最早發明者也是濮僚人，猛海與仁懷雖隔千里，卻屬同一大山水系。

這裡最早被叫作馬桑灣，因山谷裡種滿了馬桑樹而得名。後來，在河東岸發現了一股泉水，當地人砌了一口四方形的水井，於是該地又被叫作「四方井」。到了明代初期，茅台街上修了一座萬壽宮，宮外建有一座極為罕見的半邊橋，在官方典籍中便出現了「半邊橋」的地名。明代中期，赤水河兩岸修建了九座大廟，其中的觀音寺、靈仙寺和禹王宮內藏有三面濮僚人鑄製的東漢銅鼓，此地便又名「雲鼓鎮」。

相比這些地名，茅台倒是一個約定俗成的稱呼了。

---

[6] 北宋人朱肱著《北山酒經》，記載酒麴13種，分為三類：第一類叫「罨麴」，是把生麴放在麥麩堆裡，定時翻動；第二類叫「風麴」，是用樹葉或紙包裹著生麴，掛在通風的地方；第三類叫「䅯麴」，是將生麴團先放在草中，等到生了毛黴後就把蓋草去掉。這些麴分別以麥粉、粳米、糯米為原料，都摻加了一些中草藥，如川芎、白术、天南星、防風等。後世的茅台酒與《北山酒經》中的描述，無論在酒麴的原料構成還是製作工藝上，都大異其趣。

⊙ 1954年,印有「茅苔酒」字樣的酒瓶。這個時期的酒瓶沿用仁懷本地生產的圓柱形土陶瓷瓶,因盛酒易漏,1966年開始逐漸被乳白玻璃瓶替代。

　　作為一種水生植物,茅有「莖長脈粗,易於結束」的特徵,在上古漢人及周邊少數民族的祭祀活動中,常常被用於占卜和作為植物崇拜的對象。

　　孔穎達疏《尚書‧禹貢》的注解中便有關於「裂土分茅」的記載。在流傳至今的仡佬族儺戲中,不但有茅草舞,還保留著「勸茅」「喊茅」[7]的程式。

　　《仁懷市志》記載:「歷代濮僚人在此茅草地築台祭祀祖宗,稱之為「茅草台」「茅台」。」有些時候,它又被叫作「茅苔」,我看

---

7 「勸茅」和「喊茅」時都要先用茅草紮一「茅人」。「勸茅」時連說帶唱勸「茅人」把病人的災難帶走,「喊茅」則是用一系列儀式把丟失的魂魄找回來。

⊙ 不同時節的赤水河

到過的一些早期的茅台酒瓶,便印了「茅苔酒」的字樣。

當地學者告訴我,其實在仁懷境內還有不少以「茅」為地名的村落,在茅壩鎮便有「九井八廟十茅台」的說法。「茅台村」這一地名的最早記載,出現在元末明初的一部《安氏族譜》裡,懷德司安氏一世祖安朝和葬於「茅台村高台」[8]。

茅台鎮的興衰始終與穿鎮而過的赤水河有關。

赤水河古稱赤虺河,虺是一種毒蛇,據說「虺五百年化為蛟,蛟千年化為龍」。它是長江上游的一條支流,發源於雲南省的鎮雄縣,經畢節、金沙、敘永、古藺、仁懷、習水和赤水,到合江縣入長江,幹流全長445公里,流域面積2.04萬平方公里。赤水河流域群山連綿,地少人稀,所流經的12個縣中,有6個曾經是國家級貧困縣[9]。因此,

---

8 安氏屬彝族,明代四大土司中,播州楊氏與水西安氏實力最強。茅台村在水西控制的「亦溪不薛」地區。元朝以後,「茅台村」正式定名,歷經數次更名,在清朝時稱「茅台鎮」。根據2015年12月貴州省人民政府文件設置的新的茅台鎮,地域比舊時更大。

9 這6個縣分別是雲南的鎮雄、威信,貴州的大方、習水和四川的敘永、古藺。

如果沒有醬酒產業的勃興，這一帶的經濟發展恐怕難有支點。

在全國的所有河流中，赤水河最特別之處，就在於「赤」。一年之中，河水在大多數時間清澈透底，然而，一到了端午節（農曆五月初五），雨季來臨，河水陡然變成赤紅色，到重陽節（農曆九月初九），河水再變清澈。千年如是，竟成規律。古人覺得很是奇妙，認為是虺蛇作怪。今人的解釋就很科學了：赤水河流域屬於丹霞地貌，紫紅色的土壤中砂質和礫土含量很高。雨季時節，雨水沖刷土壤入河，改變了河流的顏色；而秋季到來時，降雨減少，河水便再度清澈。

仁岸與鹽商

千里赤水河，茅台鎮是一個重要的地理節點，以上為上游，以下至丙灘為中游，再往下到合江為下游。

雲貴高原是中國第四大高原，海拔只有400多米的茅台鎮是群山之間一個奇特的「谷底之地」。特殊的地理條件，又形成了特殊的氣候條件，這裡是整個貴州省最為炎熱的地方。當地人告訴我，盛夏的時候，這裡的戶外溫度可高達攝氏40多度，把一個雞蛋放在街頭石板上，沒過多久便熟了。當地有諺語：「六月六，曬得雞蛋熟。」仁懷曾經的縣府所在地中樞鎮（現中樞街道），距離茅台鎮僅十多公里，常年溫度比茅台鎮要低攝氏4～6度。

千百年間，酷熱難耐的茅台鎮，一直是仡佬族、布朗族等少數民族的耕居之地。事實上，作為雲貴高原的一個偏遠小山谷，在明代之前，無論不同時節的赤水河在文字記載還是在文物上，茅台鎮都沒有完整的、可以考據的演進史。

它的命運的第一次改變，發生在清代的乾隆年間。乾隆十年（1745年），雲貴總督張廣泗上書朝廷，奏請疏浚赤水河。他的目的有兩個，一是把貴州所產的銅和鉛運出去，二是把四川的鹽運進來。中國歷代鹽鐵專營，貴州市場的鹽大多來自北面的四川。

　　赤水河疏浚工程開始于當年的十一月，竣工於第二年的閏三月，用銀三萬八千餘兩，疏通68處險灘。工程完成後，赤水河成為川鹽入黔的重要通道，而茅台鎮則是水運的終點和陸運的起點——川鹽在合江裝船，一路上行500餘里到茅台鎮，再卸船轉為陸運，分運至貴州各府。

　　當時，川鹽入黔有四條通道，這一條路程最短，運輸成本也最低，其川鹽輸入量一度占到總量的三分之一。茅台鎮作為水陸轉運的樞紐，被稱為「仁岸」。當時有一百多艘鹽船往來於這條運輸線，每船載鹽約萬斤，每百斤比原人工馬馱節省運費一兩銀。《仁懷直隸廳志》載：「川鹽每歲由河運至仁懷茅台村登陸販賣，源源接濟，至今鹽價較平，開河之力也。」[10]

　　「仁岸」的出現，讓沉寂千年的茅台鎮突然興旺了起來。當年控制西南鹽業的是陝西商人，隨著鹽路的開通，大量秦商湧入茅台鎮，因商貿發達，這裡一度還改名為「益商鎮」。遵義籍清朝詩人鄭珍有詩寫道：

　　蜀鹽走貴州，秦商聚茅台。

10　張祥光，《赤水河疏浚與川鹽（仁岸）入黔》，《赤水河流域歷史文化研究論文集（一）》，四川大學出版社，2018年。

⊙ 鹽運到茅臺鎮後，山高路險，全靠人工搬運，於是就有了專以揹運鹽為生的「鹽巴佬」。其運鹽生涯苦不堪言，極其淒慘。

⊙ 鹽運的規則、購鹽證、護照

　　鄭珍是道光年間的儒士，他與莫友芝一起編纂的《遵義府志》在地方志學裡名氣很大，被梁啟超評價為「天下第一府志」。他生活的年代距離張赤水河碼頭停靠的運壇船廣泗疏河已過去了半個多世紀，正是茅台鎮的第一個「黃金時期」。他在《遵義府志》中援引《田居蠶室錄》記載道：

茅台傳奇
從匠心傳承到品牌創新、用 6 法 12 式打造全球最具價值白酒帝國

仁懷城西茅苔村製酒,黔省稱第一。其料純用高粱者上,用雜糧者次之。製法:煮料,和麴,即納地窖中,彌月出窖燒之。其麴用小麥,謂之白水麴,黔人又通稱大麴,酒一日茅苔燒。仁懷地瘠民貧,茅苔燒房不下二十家,所費山糧不下二萬石。[11]

鄭珍有一首更出名的詩,把鹽與酒都寫了進去,詩名就是《茅台村》:

遠遊臨郡裔,古聚綴坡陀。
酒冠黔人國,鹽登赤虺河。
迎秋巴雨暗,對岸蜀山多。
上水無舟到,羈愁兩日過。

⊙ 鄭珍(1806—1864)

關於茅台酒的最早地方文獻記錄,出現在乾隆十四年(1749年)貴州巡撫愛必達所著的《黔南識略》裡。他在「遵義府仁懷縣」條下寫道:「茅台村,地濱河,善釀酒,土人名其酒為『茅台春』。」「春」是古人對燒酒的通稱。

而第一個釀酒作坊的商號也出現在這一時期,名為「偈盛酒號」,關於它有兩個確鑿的史料。

11　清代一石為 180 斤。另,清嘉慶年間(1796—1820)由禹坡纂輯的《仁懷縣草志》中記有:「城西茅台村酒,全黔第一。」相比成書于道光年間的《遵義府志》,此說更早。

其一是近世發現的一部編撰於 1784 年的茅台村《鄔氏族譜》，裡面有一幅家族聚居地的地形圖，其中有一個標明「偈盛酒號」的燒房。

其二是 1990 年在毗鄰茅台鎮的三百梯村發現了一塊路碑，上面刻有「清乾隆四十九年茅台偈盛酒號」的字樣（乾隆四十九年即 1784 年）。

此外，在一個叫楊柳灣的地方，還發現了一座建于清嘉慶八年（1803 年）的化字爐，上列捐款名單中，有一戶為「大和燒房」。

貴州名士、清末名臣張之洞的開蒙老師張國華也曾遊歷茅台，他寫過三首以《茅台村》為題的竹枝詞，從中可以透視當年的茅台景象：

黔川接壤水流通，俗與瀘州上下同。

⊙ 歷史圖片中的茅台「偈盛酒號」與「大和燒房」

滿眼鹽船爭泊岸，巡欄收點夕陽中。
一座茅台舊有村，糟邱無數結為鄰。
使君休怨麴生醉，利鎮名韁更醉人。
於今好酒在茅台，滇黔川湘客到來。
販去千里市上賣，誰不稱奇亦罕哉！

通過這幾首竹枝詞，我們可以非常直觀地「目睹」當時的茅台鎮：這裡是川黔水道的必經之地，習俗與繁華的瀘州別無二致。載滿食鹽的木船擠滿了河道，兩岸都是比鄰而立的燒房。來自雲南、貴州、四川和湖南的商賈盡歡暢飲於四處的酒樓，醇香四溢的茅台酒隨著他們的來往，被販運到千里之外。

在嘉慶道光年間，茅台鎮上已有不下20家燒房。到19世紀40年代前後，茅台鎮的燒酒產量約為170噸。

枸醬與茅台的酒

在關於茅台酒的歷史敘事中，有好幾處躲不過去的「疑案」，其中第一個便是：茅台酒的源頭是哪裡。

從最悠久的歷史來看，當地的世居民族之一仡佬族便是釀酒高手。在用仡佬文書寫的《濮祖經》[12]一書中有一個傳說：一名叫「達貴」

---

12 《濮祖經》，2009年在黔北仡佬族聚居區被發現，全書共2.4萬餘字，全部為仡佬文字書寫，對仡佬先民農耕、製茶、釀酒等歷史做了詳細記載。它的成書時間，迄今史界沒有定論。

的濮人在山中見「山果落入槽中積化生香水，猴食香水後倒地昏睡，即取之」。

《濮祖經》的這段傳說，幾乎適用於人類各個種族的先民對酒的最初發現。

自然界中的含糖野果是猿猴的食物，它們在成熟之後掉落下來，積集於坑窪之處，或者猿猴摘下卻沒有吃完的野果被放在石窪中，天長日久，這些野果被附在它們表皮的空氣、雨水或土壤中的野生酵母發酵，變成了香氣撲鼻、酸甜爽口的原始果酒。羅德・菲力浦斯在《酒：一部文化史》中認為：「人類造酒的歷史可以追溯到西元前7000年……但是幾乎可以肯定的是，史前人類從水果和漿果中取酒的歷史要比這早好幾千年……開始很可能就是一次意外的發酵，只是被人觀察到了而已。」[13]

在漢人的古籍中，也有許多記錄猿猴造酒的故事。明人李日華的《蓬櫳夜話》中，便有一段與《濮祖經》類似的描述：

黃山多猿猱，春夏采雜花果于石窪中，醞釀成酒，香氣溢發，聞數百步。野樵深入者或得偷飲之。

除了「向猿猴學釀酒」的古老傳說，茅台酒還有一個獨立的歷史敘事，它跟一種叫「枸醬」的發酵類食物有關。

茅台鎮上有一個中國酒文化城，進門的大院中央，迎面立著一尊

13　羅德・菲力浦斯，《酒：一部文化史》，格致出版社，2019年。

漢武帝劉徹的戎馬塑像。茅台人所講述的酒史起源，便是從這位大帝開始的。

在《史記・西南夷列傳》中，有一段文字被認為是關於茅台人釀酒的最早記載：

建元六年……恢因兵威使唐蒙風指曉南越。南越食蒙蜀枸醬，蒙問所從來，曰：「道西北牂柯，牂柯江廣數里，出番禺城下。」蒙歸至長安，問蜀賈人，賈人曰：「獨蜀出枸醬，多持竊出市夜郎。夜郎者，臨牂柯江，江廣百余步，足以行船。」

牂柯江即現在的北盤江，當時屬夜郎國。枸醬，據《遵義府志》載，指的是用枸樹的果實釀製的酒，大概色澤濃厚不清，故稱為「枸醬」。漢代邊疆貿易萌芽時，流通的物品中就有枸醬，它是四川的一種土特產，當地商人將其大量出口到夜郎，但夜郎人又不能將其全部消費掉，於是把剩餘部分經牂柯江輸送到越人的市場且發現這是有利可圖的。

在古書中，枸醬有時候又被寫成「蒟醬」。但枸與蒟是兩種不同的植物，互文換用，大抵是因為古人也沒有太弄明白。元代的宋伯仁在《酒小史》中認為枸醬是一種果酒，而現代植物學家于景讓[14]則認為，枸可能是一種辣椒。

與鄭珍同時代、曾出任仁懷直隸廳同知的陳熙晉，便在詩中把唐

---

14 于景讓（1907—1977），臺灣植物學家，著有《栽培植物考》。

蒙的故事與茅台酒的淵源「坐實」：

尤物移人付酒杯，荔枝灘上瘴煙開。
漢家枸醬知何物，賺得唐蒙鰼[15]部來。

在中國的白酒業，將枸醬視為源頭的還有五糧液。明代的周洪謨在一篇題為《辯六縣非夜郎故地》的文章中提出，枸醬原產於宜賓的長寧縣：

「獨蜀出枸醬……而歷代郡志皆謂枸醬出自長寧。」[16] 從地緣文化而論，茅台與宜賓都屬「西南夷」，分別是濮僚人和僰人聚居的地方，漢武帝時均未漢化，當地先民能用果實釀酒或製醬，應是基本的事實。不過嚴格來講，它們與後來的中國白酒，其實相去甚遠。

所有的歷史，無論是國家史、民族史還是品牌史，在早期「神話」階段，都帶有想像和演繹的成分。若干個歷史細節構成敘述的節點，而細節與細節之間則可能存在著一段又一段模糊不清的空間，它們共同構築了一場宏大敘事的彈性和戲劇性。

15　鰼：地名，即現在的貴州習水。
16　五糧液史話編寫組，《五糧液史話》，巴蜀書社，1987年。

02
白酒的起源

十月獲稻，為此春酒，以介眉壽。
——《詩經》

酒與酒神精神

當夜郎國的濮僚人在釀枸醬的時候，地球上幾乎所有的古老文明都相繼學會了釀酒，並出現了酒神崇拜的文化。

古埃及人認為酒是奧西裡斯發明的，美索不達米亞人認為酒的始祖是諾亞[1]，古希臘人的酒神則是狄俄尼索斯（他是植物神、葡萄酒神）。希羅多德在《歷史》中記載，是一個叫美拉姆波司的人把酒神文化從埃及傳到了希臘，「美拉姆波司就是把狄俄尼索斯的名字，他的崇拜儀式以及帶著男性生殖器的行列介紹給臘人的人」。[2]

每年，當春季葡萄藤長出新葉，或秋季葡萄成熟收穫時，希臘人都要以在野外縱酒狂歡的方式來祭祀狄俄尼索斯。亞里斯多德在《詩

---

1 希蘇美爾神系中的酒神有很多位，除了文中提到的諾亞，還有啤酒的象徵及其釀造業的守護者寧凱西、葡萄酒神蓋什提南娜等。
2 另外，在基督教文明中，酒的角色也非常突出而微妙，《聖經·約翰福音》記載，耶穌的第一個神蹟便是把水變成了酒。

學》中認定，希臘悲劇的起源，便是祭祀狄俄尼索斯的慶典表演。

在群體生活中，人類日漸形成了理性和對秩序的敬畏，然而在人的潛意識裡，仍然存在著衝動、野蠻的原始慾望。在對狄俄尼索斯的祭祀中，人們借助酒精的力量，打破個體原則和世俗束縛，放縱自我，釋解非理性的本能，和自然融為一體，與永恆的生命意志難解難分，從而體驗到永恆的、無以名狀的痛苦與快樂。

到19世紀西方現代哲學誕生的時候，哲學家們都把酒神精神視為人性覺醒的重要標誌。

尼采在《悲劇的誕生》中，將人類的藝術衝動分為日神精神和酒神精神。日神精神是「趨向幻覺之迫力」，它所要獲取的是美的外觀，而美的外觀實際上又是人的一種幻覺。而酒神精神則是「趨向放縱之迫力」，它所要獲取的是解除個體存在、複歸原始自然的體驗。

尼采認為，希臘悲劇藝術是日神藝術與酒神藝術這種二元衝動的結合體。他用充滿詩意的文字，把酒神精神視為對人類意志的「最高的肯定」，因為，它肯定了生命中的一切苦難——

在我們仿佛與不可估量的此在之原始快樂合為一體時，在我們預感到狄俄尼索斯式的狂喜中這樣一種快樂的堅不可摧和永

⊙ 表現希臘神話中的醉飲與狂歡的油畫，畫中人物的神態體現出複歸原始自然的慾望。

恆時，在這同一瞬間裡，我們被這種折磨的狂怒鋒芒刺穿了。儘管有恐懼和同情，我們仍然是幸福的生命體，不是作為個體，而是作為一個生命體—我們已經與它的生殖快樂融為一體了。[3]

肯定生命本身，哪怕是處於最疏異和最艱難的難題中的生命；生命意志在其最高類型的犧牲中歡欣於自己的不可窮盡性─這一點，我稱之為狄俄尼索斯的。[4]

酒麴：第五大發明

華夏大地上的先祖們，在釀酒上的天賦也不遑多讓。

我的家鄉杭州有一處良渚遺址，據信是 5000 年前的文明體，那裡誕生了太平洋西岸的第一個城市雛形。在良渚考古中，考古人員發掘出了一個濾酒器，它的主體為一隻陶缽，側面帶一個較高的漏缽，另外還在底部加了一道隔板，帶酒糟的米酒或果酒經過漏缽過濾，可以提高酒的純淨度。

在古代中國，百業都有一個「祖師爺」，藥業是神農，木匠業是魯班，製陶業是範蠡，而釀酒業則是杜康。據說杜康是夏朝人，漢代的《說文解字》載「杜康作秫酒」。在古時，杜康是酒的代名詞，曹操在《短歌行》中吟道：「何以解憂，唯有杜康。」[5]

天下的酒，大而化之分兩類，一類是用酒麴的，一類是不用酒麴

---

3 尼采，《悲劇的誕生》，商務印書館，2017 年。
4 尼采，《瞧，這個人》，商務印書館，2016 年。
5 史界另有夏禹時期的儀狄發明了釀酒的說法，《呂氏春秋》雲：「儀狄作酒。」

⊙ 仁懷出土的帶有飛天圖案的宋墓石刻，飛天仙女後來也成了茅台酒的商標圖案，這無疑是個有趣的巧合。

的。而中國人是製酒麴的老祖宗。

西方人釀酒，無論是葡萄酒、威士卡還是伏特加，都是利用穀物發芽時產生的酶將原料本身糖化出糖分，再用酵母菌將糖分轉化成酒精。

而中國人釀酒，則先用發黴的穀物製成酒麴，再用酒麴中所含的酶將穀物原料糖化發酵成酒。麴在中國製酒中的地位很高，所謂「麴是酒之骨，糧是酒之肉，水是酒之血」，更有「一麴二窖三工藝」「萬兩黃金易得，一兩好麴難求」的說法。

酒麴在周代就被發明出來了，上古典籍《尚書》中記載，「若作酒醴，爾惟麴糵」。麴糵指的就是發黴和發芽的穀粒。日本微生物學家阪口謹一郎甚至認為，酒麴是堪比中國古代四大發明的「第五大發明」。[6]

6　阪口謹一郎，《日本的酒》，四川人民出版社，2013年。

在《禮記》中，有一段關於釀酒流程的非常具體的記述：

秫稻必齊，麴蘗必時，湛熾必潔，水泉必香，陶器必良，火齊必得，兼用六物，大酋監之，毋有差貸。

秫是高粱，蘗是生芽的谷粒，麴就是麥麴。大酋是負責釀酒的官職。這段文字中的「六必」，就是對釀酒的作物、用水、器具和火候等都提出了具體的要求，它也因此被看成世界上最早的釀酒工藝規程。

「百禮之會，非酒不行」

東方人與西方人在文化基因上的差異，於酒一事，體現得淋漓盡致。

相比希臘人借助祭祀酒神狄俄尼索斯來放縱自我，在華夏傳統中，幾乎沒有類似的活動記錄。相反，酒在東方文明體系中，很早就

⊙ 仁懷出土的商代錐刺紋圜底瓶（上）與西漢時期的鋪首銜環酒壺（下）

02
白酒的起源

扮演了政治宣示和「文化酵母」的角色。

在先秦文字中，「醴」指一種甜酒，這個字也通「禮」（禮）。因此，作為特殊的「人造液體」，酒在很久以前，就成了祭祀禮儀的一部分。

《漢書‧食貨志》記載：「百禮之會，非酒不行。」《酒概》稱：「酒之始為祭祀也。」後世出土的大量商周青銅器，都是祭祀用的盛酒禮器。到了魏晉時期，最高學府的行政長官被稱為「國子祭酒」，為博士之首，代表天下學子向天地敬酒祭祀。

因為酒和信仰與執政秩序有關，所以釀酒和飲酒的過程便充滿了潔淨和高尚的儀式感。在中國人的信仰和世俗生活中，可謂「無酒不成俗，無酒不成席」。但凡祭天拜祖、迎親生子、建屋開業、迎來送往，都須有酒──迎賓酒、送別酒、喜酒、交杯酒、回門酒、滿月酒、上樑酒、開業酒、守歲酒，不一而足。如果喜慶，當然是把酒相慶，無酒不歡；若有悲傷，也是酒入斷腸，借酒消愁。

在文化史上，文人與酒的淵源更是一言難盡。如果少了酒，中國文學不知道會寡淡成什麼樣子。

二千多年前，屈原寫楚辭，酒就成了歡宴的主角：

瑤席兮玉瑱，盍將把兮瓊芳。
蕙肴蒸兮蘭藉，奠桂酒兮椒漿。

兩漢時期，酒與鹽、鐵為國家專營，並為「三榷」。到了魏晉，酒禁解除，允許民間自由釀酒，那些避世的名士就把飲酒當成了躲避現實最好的行為藝術，所謂的「魏晉風度」，可以說是無酒不行。魯

⊙〔明〕文徵明《蘭亭雅集圖卷》（局部）：與西方放縱自我不同，東方的飲酒文化要含蓄得多。

迅曾在《魏晉風度及文章與藥及酒之關係》中說：「他們的態度，大抵是飲酒時衣服不穿，帽也不戴。若在平時，有這種狀態，我們就說無禮，但他們就不同。」

東晉永和九年（353 年），王羲之邀約 41 位好友在會稽山陰（今浙江紹興）的蘭亭「修禊」。眾人列坐在小溪兩旁，在上流放置酒杯，酒杯順流而下，停在誰的面前，誰就取杯吟詩。在微醺之中，王羲之寫下《蘭亭集序》，竟成了「千古第一帖」。

到了唐代，詩風大盛，酒更成了詩人們興致大發的第一酵母。郭沫若曾做過統計，杜甫傳世的 1000 首詩裡，與酒有關的有 200 多首，約占 21%；李白的 1500 首詩，寫到酒的約有 240 首，約占 16%；白居易寫詩 2800 首，與飲酒相關的竟達 800 首。[7]

所有詩人中，當然李白的酒名最大，因此他既是酒仙又是詩仙。他吟道：

7　郭沫若，《李白與杜甫》，北京聯合出版公司，2021 年。

花間一壺酒，獨酌無相親。
舉杯邀明月，對影成三人。

他更放聲狂歌：

人生得意須盡歡，莫使金樽空對月。
天生我材必有用，千金散盡還複來。
烹羊宰牛且為樂，會須一飲三百杯。
岑夫子，丹丘生，將進酒，杯莫停。
與君歌一麴，請君為我傾耳聽。
鐘鼓饌玉不足貴，但願長醉不願醒。
古來聖賢皆寂寞，惟有飲者留其名。

黃酒與白酒：名士與光棍

那麼，一個有趣的問題是，從屈原、王羲之到李白，他們喝的是什麼酒？屈原喝的，從詩句的描述中推測，是用桂花和椒釀製的果酒；王羲之和李白喝的，大概率是黃酒，以麥為麴，以黍米或糯米為料，酒精度為 10%～20%。在中國酒史中，黃酒被稱為「百酒之母」，是漢族人的獨家發明。王羲之寫《蘭亭集序》的紹興，正是黃酒最為著名的產地，「紹興酒」一度是黃酒的代名詞。

民間傳說中，最膾炙人口的喝酒故事，是梁山好漢武松在途經景陽岡的時候，連喝十八碗酒，上山打老虎。《水滸傳》裡描述，武松喝的酒叫作「透瓶香」，又叫「出門倒」，店小二說：「俺家的酒，

雖是村酒，卻比老酒的滋味。」在北宋，「老酒」專指黃酒，這個村酒不是老酒，便應是度數更低、釀製工藝更簡單的米酒。施耐庵在後面的故事裡把村酒稱為「村醪水白酒」，其中一個「醪」字暴露了它的身份。今天陝西著名的米酒「黃桂稠酒」，又叫白醪酒。

他們喝的不可能是像茅台酒這樣的烈性白酒，因為蒸餾酒技術一直到元末明初才被引進華夏。

明代的李時珍便認定，蒸餾酒技術來自西方世界。在《本草綱目》中，關於「葡萄酒」一目，他記載的是：

古者西域造之，唐時破高昌，始得其法。

關於「燒酒」一目，他特地注明又名「火酒」「阿剌吉酒」，具體解釋為：

燒酒非古法也。自元時始創其法，用濃酒和糟入甑，蒸令氣上，用器承取滴露。凡酸壞之酒，皆可蒸燒。

唐滅高昌國是在貞觀十四年（640年）。將《本草綱目》中的這兩條結合起來，李時珍的觀點就很明白了：蒸餾釀酒術是初唐時從西域傳進來的，到了元代時期，人們將這一技術改良應用，有了中國式的白酒（古時稱為「燒酒」）。阿剌吉是 arrack 的譯音，系用稻米和棕櫚汁釀造的蒸餾酒。

概而言之，中國白酒是東西方文明交融的一個典範：酒麴技術為原創，蒸餾酒技術為引進。

儘管白酒技術在 600 年前就成熟了，不過一直到清末民初，士大夫階層仍然以黃酒為宗。乾隆年間的性靈派大家袁枚在《隨園食單》中，曾用「名士」與「光棍」來分別形容黃酒與白酒：

紹興酒如清官廉吏，不參一毫假，而其味方真。又如名士耆英，長留人間，閱盡世故，而其質愈厚。……

……余謂燒酒者，人中之光棍，縣中之酷吏也。打擂台，非光棍不可；除盜賊，非酷吏不可；驅風寒、消積滯，非燒酒不可。……能藏至十年，則酒色變綠，上口轉甜，亦猶光棍做久，便無火氣，殊可交也。

袁枚的「名士光棍說」在古典文學作品中頗有體現。譬如在《紅樓夢》裡，「酒」可以說是無處不在，全書 120 回出現「酒」字 580 多次。其中寫得最多的便是黃酒，重要宴席必會飲用。大觀園裡的公子小姐們則各有喜歡的果酒，林黛玉愛合歡花酒，寶釵愛菊花酒，寶玉祭奠晴雯提到了桂花酒。燒酒出現過一次，是有一回林妹妹吃螃蟹，「覺得心口微微的疼，須得熱熱的吃口燒酒」。

因此，數百年間，中國人的飲用偏好經歷了從濁酒到清酒、從低度到高度、從黃酒到白酒的長期演進。

杏花村裡說酒史

接下來要解答的一個問題是，純糧蒸餾釀造的中國白酒，起源地可能是哪裡？為了回答這個問題，我專門北上去了一趟山西的汾陽。

汾陽地處晉中，在城東有一處杏花村遺址，是仰紹文化的一支。1982年，這裡發掘出一隻小口尖底陶甕，形狀類似甲骨文中的「酒」，被認為是「最早的釀酒發酵容器」。魏晉時期，當地人以農曆十月的桑葉為原料釀酒，是為著名的「桑落酒」。西元六世紀，杏花村人改進釀酒技術，將濁酒提煉為清酒，便有了「汾清酒」。到晚唐時，汾酒在中原就非常出名了，杜牧有膾炙人口的《清明》一詩：

清明時節雨紛紛，路上行人欲斷魂。
借問酒家何處有，牧童遙指杏花村。

在汾陽，當地人不認同李時珍的看法。他們堅信，杏花村在唐代已經掌握了蒸餾技術，論據就是「幹和燒酒」。據史書記載，這種酒在釀造時把用水量減到最少——「幹料攪拌」，類似固態酒醅，再從道教用蒸汽提取水銀的技術中得到啟發，將之用於蒸餾取酒。

如果這一說法被證實，那麼，中國白酒的歷史就一下子從600年延長到了1200年。可惜的是，到今天，考古界尚沒有發現蒸餾酒器的唐代實物。[8]

明初山西大移民，800多姓山西人從洪洞縣的大槐樹下遷徙各地，晉人的釀酒技藝也隨之飄散移植。清代中期以後，以票號起家的

8　關於蒸餾酒技術，學界還有一種說法是起源於更早的西漢。2011年，南昌發掘海昏侯劉賀墓，出土了一套完整的青銅蒸餾器，它的用途一直沒有定論。西漢初年，道家盛行，王侯們熱衷於煉丹，這套蒸餾器更大的可能性是用於熬藥，或者蒸餾花露水。

⊙ 明清時期茅台集市白酒貿易圖。

晉商崛起為天下第一商幫。他們行走大江南北，更是把喝燒酒的喜好及技藝帶到了各地，汾酒在民間便有了「汾老大」的美號。

明清兩代直到民國，汾酒都是白酒業的領袖品牌，無論是高濂的《遵生八箋》、袁枚的《隨園食單》，還是流行小說《鏡花緣》等，說到燒酒，汾酒當時都排在第一名。

茅台酒的三種起源說

「關於茅台酒的起源，你的看法是什麼？」

坐在仁懷市酒業協會的辦公室裡，周山榮聽我說到這個話題，語速明顯地慢了下來。他是酒協的副祕書長，寫過數本關於茅台酒的書，2007年的時候，還花半個月時間徒步走完了赤水河全流域。我寫作這本《茅台傳奇》時，他是我常去請教的酒業專家之一。

根據周山榮收集的資料，茅台酒的起源有三種說法。我補充了一

些自己參閱的資料,將相關考據史實陳述如下。

一是當地說。

此說的源頭便是從枸醬開始的。茅台一帶濃厚的飲酒習俗在商周時期就已經形成,到了西漢時期,便發展出規模性的釀酒生產能力。

唐宋以來,貴州已是酒鄉,境內各民族皆有飲酒習俗,並善於釀酒。

清初,茅台村是「川鹽入黔」的重要口岸,蒸餾酒技術傳入這裡。到了乾隆年間,當地酒匠又以本地成熟的釀酒工藝為基礎,吸收了部分外來釀酒技藝,形成了茅台酒獨具風格的釀造工藝。許纘曾在《滇行紀程》中記載:「貴省各屬產米精絕,盡香稻也。所釀酒亦甘芳入妙。此二事,楚中遠不及。」

茅台酒的發展起于秦漢,熟于唐宋,精於明清。當地的釀酒歷史悠久,向無異議。

1980 年,媒體人曹丁寫《茅台酒考》一文。文章認為:「茅台酒之始,並非秦晉傳入,法出當地善釀百姓。它是選用高粱為料,小麥製麴,取清潔河水,發酵九次,精心釀製的蒸餾大麴酒。究其釀造方法,是商周的酎酒、東漢九醞春酒,及稍後記載的爐酒的昇華。」

二是山西說。

此說最早見於 1939 年張肖梅編著的《貴州經濟》一書:「茅台酒之沿革及製造,在咸豐(1851—1861 年)以前,有山西鹽商來茅台地方,仿照山西白酒製法,用小麥為麴藥,以高粱為原料,釀造一種燒酒。後經陝西鹽商宋某、毛某先後改良製法,以茅台為名,特稱曰茅台酒。」

1979 年,貴州省工商聯合會撰寫《貴州茅台酒史》。作者走訪

茅台鎮的老人，其中包括酒師鄭義興等，考證結果跟張肖梅近似。仁岸開通後，「當時運銷食鹽的商人和票號，大都是山西人和陝西人，這些商人腰纏萬貫，終日飲宴。為了提高酒的品質，就從山西雇了釀製白酒的工人來茅台村和本地釀酒工人共同研究製造。據說最初是1704年由一個山西鹽商郭某雇工製造，繼而由陝西鹽商宋某、毛某先後雇工加工改良」[9]。

1980年，賴茅創始人賴永初口述《我創制「賴茅」茅台酒的經過》，也認為茅台酒得到了杏花村酒匠的支援：「茅台酒確實是從山西雇了釀製杏花村的工人來茅台村和本地釀酒工人研究、釀製而成的。但因為水土關係，經過多次試驗，又經後人的發展，很多方面就不同於汾酒了。」[10]

三是陝西說。

光緒二十年（1894年），趙彝憑編撰《桐梓縣誌》，其中記載：

> 近有以茅台法赴郡城（桐梓縣）釀者，亦同其味，可見麴之為功也。茅台即是略陽麴。

略陽是陝西漢中的一個縣，有清一代，以出產優質「白水麴」聞名。赤水河疏浚後，陝西商人把略陽大麴運銷到瀘州、遵義一帶，對川酒的工藝進步貢獻不小。

1959年7月，《人民日報》發表何世紅撰寫的《茅台酒之鄉》

---

[9]《貴州文史資料選輯》（第三輯），貴州人民出版社，1979年。
[10]《文史資料選輯》（第十九輯），中國文史出版社，1989年

⊙ 20世紀50年代，蒸餾時使用的冷卻器「天鍋」（左），以及當時茅台酒生產中的人工灌瓶環節（右）

一文：「1704年，陝西鳳翔府岐山縣有一姓郭的鹽商，經商到了此地，見這小小漁村依山傍水，風光明媚，便定居下來，並且在這裡招雇工人開了個小作坊，仿照山西杏花村的汾酒和陝西鳳翔西鳳酒的釀造方法，製成了茅酒。」

1960年，輕工業部組織專家編撰《貴州茅台酒整理總結報告》，採信了「陝西說」：

「茅台酒的起源，究竟系何年何人所創，尚無法稽考，據傳說在清朝從陝西傳入。」

在茅台酒起源這個課題上，我花費了大量的時間，經過實地走訪、查閱史料和與專家交流，大抵理出了一個脈絡，寫在這裡，算是

一個階段性的結論：

——茅台一帶的釀酒傳統，可以追溯到先秦的夜郎國時期。當年的濮僚人會釀造枸醬酒。

——作為赤水河流域的地理節點，茅台村在清朝初期成為川鹽入黔的口岸之一，而來此經商的大多為陝西商人。1704年前後，他們把蒸餾酒技術引入這裡，融合進當地釀酒工藝開辦了第一批燒房。

——1745年，張廣泗疏浚赤水河，讓茅台村成為川鹽入黔最重要的水陸轉運口岸。自此秦商雲集，燒酒業興旺起來。此後百餘年間，很可能有山西和陝西的酒匠被邀約來到茅台，以本地成熟的釀造工藝為主，外地工藝為輔，推演更完善的釀造工藝，茅台成為貴州名氣最大的製酒村。

——1851年前後，茅台酒匠以當地特產紅纓子高粱為原料，獨立研製出堆積、回沙、高溫製麴及取酒等工藝。至此，有獨特風格的茅台酒釀造術趨於成熟。

《近泉居雜錄》是一部創作於光緒年間的筆記，《續遵義府志》中引用了它所記錄的茅台燒酒製法，已與此前半個世紀鄭珍的描述有了很大的差異：

純用高粱作沙，蒸熟和小麥面三分，納釀地窖中，經月而出，蒸燻之。既燻而複釀，必經數回，然後成。初曰生沙，三四輪曰燧沙，六七輪曰大回沙，以次概曰小回沙，終乃得酒可飲。品之醇、氣之香，乃百經自具，非假麴與香料而成。造法不易，他處艱於仿製，故獨以茅台稱也。

「沙」是貴州方言，特指細小而色紅的高粱。完整的高粱粒為坤沙，打碎的則為碎沙。

在這段製法記敘裡，第一次出現了多次加麴、重複發酵和蒸餾取酒的回沙工藝——酒匠將高粱蒸煮數輪，而不是一次榨光酒分，經過多輪次加麴、發酵是為「回沙」。

作者在文中特意指出，酒的香醇是因為多輪次取酒，而不僅僅是酒麴和香料的作用。由於造法不易，所以他處難以仿製。

茅台酒技藝：因地制宜，遵時順勢

種種史料和實地調研顯示，最遲到 19 世紀 50 年代，與北方的汾酒及同一流域的瀘州燒酒、宜賓燒酒相比，茅台酒已經形成了獨樹一幟的釀造特徵。

我寫本書，特意進行了對比研究，由種種細節發現微妙差異，頗可洞見茅台酒匠的用心和創造。

在酒麴上，茅台酒放棄了豌豆，以小麥為唯一的麴料。不同於汾

⊙ 幹麴倉內，女工正冒著高溫完成翻麴（左）收割紅纓子高粱（右）

酒的低溫製麴和瀘酒的中溫製麴，茅台酒大膽地採用了高溫製麴。在我實地調研過的幾家酒企中，從汾酒、瀘州老窖、五糧液到洋河等，只有茅台的酒麴發酵倉是在稻草間插麴塊的，倉內的麴坯發酵溫度高達 60 攝氏度。

在主糧上，汾酒用大麥、豌豆和高粱，瀘酒為高粱、大米和玉米，五糧液顧名思義是以高粱、大米、糯米、小麥、玉米五種穀物為原料。而茅台酒則純用高粱一種，而且專用仁懷當地的紅纓子高粱。

這種紅纓子高粱籽粒呈紅褐色，它的支鏈澱粉含量高達95%，比國內其他產區的高粱多出 15%～30%，而且粒滿皮厚，極耐蒸煮。正是因為這一原料特點，茅台酒匠探索出了多輪次蒸餾取酒（又稱「烤酒」）的操作法，同時為了促進酒醅發酵，又獨創出堆積工藝。這一系列創新，使得茅台酒的生產週期比其他白酒都要長，原料和工時成本更高。而不同輪次的酒體香型均有差異，通過精妙的勾兌，終而形成了最為複雜醇厚的酒體特徵。

在酒窖上，不同于汾酒的陶缸和瀘酒的泥窖，茅台酒匠先後採取了碎石窖和條石窖。巧合的是，茅台當地的紫色砂葉岩土壤酸堿適度，孔隙度大，特別有益於酒醅發酵，並可促成多種微量元素的轉移。

在蒸煮工藝上，汾酒是清蒸二次清，瀘酒是雙輪底發酵，而茅台酒是九次蒸煮、八次發酵、七次取酒，並一反低溫入窖、緩慢發酵的做法，而是高溫堆積、高溫摘酒[11]。

每一種名酒的釀造流程都與節氣有關。汾酒地處北方，採取的是

11　摘酒，指根據工藝要求截止接取蒸餾出的酒。

「立冬始釀，止於驚蟄」。茅台鎮的傳統則是「端午製麴，重陽下沙」，這又與當地的氣候條件和赤水河有關。

端午前後，田裡的小麥成熟，同時雲貴高原進入雨季，赤水河開始泛紅，茅台人舉行祭麥儀式，然後脫殼碾米，踩麴製塊。到了九九重陽，高粱進入成熟期，而赤水河的河水逐漸變得清澈，正可以用來取水釀酒，於是開窖下沙。

在氣候上，重陽以後的茅台河谷，氣溫從 30 多攝氏度降至 25 攝氏度左右，正是酒醅發酵和微生物生長的最好溫度區間。茅台酒的投料要分兩次，前後間隔一個月。這其實也沒有什麼神祕之處，當初的原因是：種在大山裡的高粱因海拔不同，成熟時間有差別，農曆九月，河谷高粱先垂穗，再過一個月左右，才輪到山岡上的高粱成熟。正因為這一遵時順勢的做法，茅台酒的酒醅具有了更豐富的層次感。

疊加型創新的產物

所有產品創新，通常有三種路徑模式。

第一種是技術型創新，即科學家發明了某項技術，從而啟蒙和推動一項新產業的應用。人類商業文明史上，幾乎所有的重大進步都與此類創新有關，比如電話（1876 年）、內燃機車（1885 年）、無線電（1895 年）、飛機（1903 年）、電腦（1939 年）、核武器（1945 年）、互聯網（1983 年）、Wi-Fi（無線通訊技術，1998 年）等。

第二種是模式型創新，即由企業家從市場需求出發，進行技術的微創新和要素的重新配置，從而誘發產業的效率提升和洗牌。此類創新大量發生在服裝、電器、食品、百貨零售、互聯網應用等領域。

第三種是疊加型創新，即商業從業者在先行者的基礎上，對產品的生產工藝及流程進行再造，從而創造出一種新的產品形態，並使之成為自己的特徵及核心競爭力。

　　茅台酒匠在白酒技藝上的變革，是一次非常明顯的疊加型創新。

　　矽谷投資家彼得·蒂爾在研究美國IT（資訊技術）產業的創新史時發現，很多偉大的產品創新，都是疊加的結果。他舉了四個典型案例：蘋果電腦的原型是施樂公司帕洛阿爾托研究中心的奧托（Alto）個人計算機；微軟的視窗（Windows）作業系統是仿照蘋果麥金塔（Macintosh）計算機的圖形化使用者介面改良設計的；谷歌的搜尋引擎是對英克托米（Inktomi）公司和Alta Vista的反覆運算；特斯拉電動車誕生前，通用汽車就研製出了電動汽車EV1。

　　這四家公司都取得了先行者無法企及的成功，原因正在於它們在原有技術上進行了疊加型創新，在優化中實現了超越。

　　細緻梳理茅台酒的歷史和釀造的每一個環節，我們都可以清晰地分解出茅台人獨特的創新點，它們都不是憑空發生的，而是因地制宜的產物。「佳釀天成」，這個「天」指的既是天工開物，又意味著先人傳承，以及後人的精進。

　　茅台鎮能出絕世好酒，是因天時地利，老天爺賞酒，有它的神祕性和偶然性，同時，更是茅台人敢於突破舊制、自我革命的結果。這些流傳百年的規矩和一系列的技藝創新，到底是哪幾個茅台酒師完成的，到今天已經無法考證，但它應該經歷了幾代人的持續探索、口傳心授。

03
華家與王家

外交禮節，無酒不茅台。
——20 世紀 20 年代貴陽報紙

1862 年：成義燒房

就在茅台酒的工藝趨於成熟的 19 世紀 50 年代，一場戰亂從天而降，把茅台鎮摧毀成了一片廢墟。

1855 年，貴州的白蓮教信徒發動起義，史稱「號軍起義」。農民軍與清兵在茅台幾度激戰，鎮上房屋焚頹，商貿中斷，所有燒房都毀於戰火。

1860 年，一位姓華的 27 歲讀書人來到了茅台鎮，他看到的是一個「斷垣殘壁、滿目荒涼」的村子。他這一次來，是為了實現 90 歲老祖母的一個心願：祖母突然很想念少女時候喝過的那杯茅台酒。

這位老太太姓彭，叫什麼名字，已經不可考了，不過她的孫子是一個顯赫的人物，名叫華聯輝（1833—1885）。

華氏祖籍江西臨川，康熙年間來貴州經商，定居遵義團溪，數代以販鹽為業，終成當地望族。到了華聯輝這一代，華聯輝讀書中了舉人，跟仕宦沾上了關係。很多年後，華聯輝的孫子華問渠在《貴州成義茅酒（華茅）紀略》一文中，講述了華家造酒的起源：

一天在閒談中，高祖母偶然回憶起年輕時曾喝過茅台烤的酒，覺得味道很好，囑先祖前去採購，她還想再嘗嘗這種酒。先祖前去時，戰時遺跡，仍隨處可見。過去釀酒的作坊，已夷為平地，但屋基尚存。由於作坊主人下落不明，這片土地已收為官產。恰好這時官府正將官產變賣，於是先祖出名購得該地。同時也找到了舊日酒師，就邀他合作，在原址上建立起簡易作坊，試行釀製。釀出的酒經高祖母嘗試，她肯定年輕時喝過的正是這種酒。於是，酒房就繼續釀製下去。

　　這段口述透露了兩個資訊：其一，從 1855 年到 1860 年前後，茅台酒的釀造和銷售遭戰亂摧毀，已全然中斷，在遵義府已買不到酒；其二，華聯輝從購地建坊到出酒，起碼需一年時間，老太太喝到新酒的時間應該是 1861 年年底或 1862 年年初，這也是茅台酒恢復生產的時間。[1]

　　老太太到 1865 年就去世了，華家在茅台的燒房卻一直經營了下去：

　　最初釀製的酒只作家庭飲用，或饋贈、款待親友。親友交口稱譽，紛紛要求按價退讓。高祖母逝世後，求酒者更接踵而至，先祖才決定將酒房擴建，增加酒的產量，正式對外營業。原來酒房沒有什麼固定

1　華問渠，《貴州成義茅酒（華茅）紀略》，《貴州文史資料選輯》（第四輯），貴州人民出版社，1980 年。

名稱,這時才定名為成義酒房,酒定名為「回沙茅酒」。[2]

　　成義燒房在赤水河的右岸,迄今遺址尚存,就在茅台酒廠第一車間的旁邊。我去實地走訪時,碰到一位當地的老人,他告訴我,當年這一片叫灣子頭。

　　華家把「回沙」直接植入品牌的名字,顯然是為了突出自己的釀造特色。這可能是妙思偶得,也是當時酒匠對工藝的自信。在市場行銷的意義上,這就是通過重新定義工藝和流程,建立新的品類認知。

　　成義燒房的產量一直不高,早年只有兩個窖坑,每年出酒3500斤,後來規模稍有擴大,也僅維持在8000～9000斤。它的特點就是:在原料上不惜工本,務求酒好。「華茅」的出酒率為6∶1,即1斤酒要消耗小麥和高粱6斤,是當時全國燒酒中最為耗糧的一種,甚至高過今天的茅台酒。

　　根據華問渠的回憶,「華茅」在原料上的比例是,七成高粱做主料,三成小麥做麴料。這一配比,跟今天茅台酒的高粱與小麥1∶1的配比並不相同。事實上,後來的「王茅」和「賴茅」,在原料配比、酒麴成分等方面,也各有差異。

---

[2] 原黔軍將領、國民黨少將呂新民是華家的遠房親戚,他的四舅母是華問渠的妹妹。據這位四舅母回憶,當年華聯輝在舊酒窖內曾發現一塊石碑,上刻有康熙五年在此建作坊埋碑紀念等字樣。如果此說屬實,則意味著在1666年,茅台村已經出現了有一定規模的燒房。(呂茂廷,《茅酒滄桑麴》,貴州民族出版社,1994年)

第一代「茅粉」：周省長

成義燒房創建的最初十多年裡，華家在茅台並沒有太多的生意，直到光緒二年（1876年）之後，情況才發生變化——華聯輝突然成了鎮上最大的鹽商。這一年，貴州人丁寶楨出任四川總督。當時，因戰亂日久，赤水河的鹽道已經頹壞，丁寶楨效法張廣泗，展開了第二次修治工程。這一工程耗銀兩萬兩，歷時三年。隨著水路的暢通，茅台鎮再次熱鬧了起來。

⊙ 推行「官運商銷」新鹽政的四川總督丁寶楨

為了整頓鹽業，丁寶楨推行「官運商銷」的新鹽政。華聯輝亦仕亦商，被聘任為四川鹽法道的總文案。

每一次政策改革其實都是蛋糕重新分配的過程。新鹽政頒發新一批的特許經營執照，華聯輝近水樓台，一舉拿下仁岸的兩塊牌照。當時茅台鎮上共有四家特許鹽號，分別是華家的

⊙ 第一代「茅粉」周西成

永隆裕、永發祥，以及陝西人控制的協興隆和義隆盛。「華茅」常年通過永隆裕在茅台和貴陽的鹽號進行總經銷，從來沒有建立自己的行銷管道。

華聯輝去世後，其子華之鴻繼承家業，家產積累過百萬兩白銀。

當年貴陽有民諺曰：「華家的銀子，唐家的頂子，高家的穀子。」由此可見華氏的一時之富。民國創建後，華之鴻先後擔任貴州商務總會會長、軍政府財政部副部長和貴州銀行總理，儼然是一省商賈的總首領。

華家的產業除了鹽業，更涉足金融、房產、教育和物流，還擁有西南最大的印刷廠，釀酒只是其諸多家族生意中的一小塊，甚至都算不上生意。所以，成義燒房出品的「華茅」，成本和品質從來都是最高的。華聯輝和華之鴻父子，用它款待川貴的軍政階層，它也漸漸成了當地最受歡迎的高檔燒酒。

民國時期的貴州執政者中，對成義燒房的茅台酒最為狂熱的是周西成。他是仁懷北面的桐梓縣人，1926—1929年出任貴州省省長。這是一個30多歲的青年軍閥，任用的官員都是沾親帶故的桐梓老鄉。日常行政之餘，每席必飲酒，每酒必茅台，上行下效，茅台酒成了貴州官場的「通行貨」。

貴陽當地報紙用一副對聯諷刺這一景象：

內政方針，有官皆桐梓；外交禮節，無酒不茅台。

據華問渠的講述，「周西成作省長，茅酒成為他對外交際的重要手段，每年都將上千瓶的成義茅酒作為禮品送給南京政府及川、桂、粵等省的要人」[3]。由此可以推斷，茅台酒由民間走向政要，從貴州

3　華問渠，《貴州成義茅酒（華茅）紀略》，《貴州文史資料選輯》（第四輯），貴州人民出版社，1980年。

影響全國，青年軍閥周西成無意中成了一個推動者，他應該算得上是第一代不折不扣的「茅粉」。

1879 年：榮和燒房

如果說遵義的華家把茅台酒做成了權貴人家的禮節媒介，那麼真正把它當生意來經營的，是土生土長的仁懷王家。這個家族的發家之人叫王振發。

為了調研這段歷史，我專程去了一趟仁懷的水塘村，陪同我的是王家後代的一個女婿老邱。

水塘村在仁懷城外約 10 公里，是一處被群山環抱的小村落。近年，新修的蓉遵高速繞村而過，交通便利了很多。王振發的墓在一個馬蹄形的半山腰。當年貴州的富人家造墓，與其他地方很不同：墓前有幾個平台，就代表有幾房子孫。王墓從山腳到墓地，其間有五個平台，代表五房子孫，每個平台都有祭祀的香爐、拜台和華表神獸，很是恢宏氣派。但如今平台形貌全失，從山腳往上望，墓碑被荒草淹沒，竟已看不清楚。

我們撥開重重荒草雜樹，氣喘吁吁地攀爬到墓前，只見碑斜磚塌，很難想像當年的奢華了。墓碑已經開始風化，隱約可見「奉政大夫王公諱振發府君之墓」的字樣。老邱說，當年的碑後刻有墓誌銘，現在一個字也分辨不出來了。

這一路上，老邱跟我講了很多老王家的舊事。王振發早年是一家張姓客棧的夥計，他的發家史跟羅斯柴爾德家族的故事頗有點相似：某日，一位從四川來的信使行色匆匆投宿客棧，接待他的王振發在攀

⊙ 我站在被草木吞噬的王墓前，墓碑上的字已經不甚清晰。

⊙ 老邱陪我去黑箐子莊園的老燒房，我們身旁堆著二次發酵的幹麴。這座老房子可能幾年後就被拆除了。

談中得悉，四川的官鹽馬上要漲價，這位信使正趕赴雲南傳達文告。他當即建議張老闆，以付定金的方式鎖定鎮上所有鹽鋪的食鹽存貨。過不多久，果然鹽價大漲，張家暴得大利。張老闆見王振發如此機靈，便把獨生女嫁給了他。

19世紀20年代，王振發創辦天和鹽號，同時不斷購買土地，竟成了仁懷縣最大的地主，號稱「王半街」。茅台下渡口便是王家私渡，1935年紅軍三渡赤水時，正由此過河。王家在觀音寺黑箐子一帶建了一個大莊園，在靠近河面的地方挖了兩個酒窖，釀酒自用。這一舊址迄今猶在，老邱陪我去看了一趟。如水塘村的墓地形制所示，王振發育有五子，幼子王用兵又生獨子王立夫（即王澤履，1858—1931），他便是「王茅」的創始人之一。

1879年，或許是受成義燒房的刺激，王立夫與石榮霄、孫全太合夥，各出銀200兩，創辦了榮太和燒房，招牌是從石、孫二人的名字和天和鹽號中各取一字。兩年後，孫全太退股，遂改成了榮和燒房。在業務上，王立夫管生產和銷售，石榮霄管帳目。

榮和的選址就在成義的旁邊，也在灣子頭。酒窖起初是兩個，後來增加到了六個，年出酒量達到兩萬多斤，成了鎮上最大的燒房。早年的茅酒包裝是用一種叫「卮子」的容器，它用竹片編成，再用土石灰加糯米、紫紅窖泥、豬血和勻，糊在竹簍上而成，每個約重50斤。這種卮子比較柔軟，在遠端運輸中不會破碎漏酒。周山榮收集到兩個，我在他那裡見到了實物。

王立夫構建了一個銷售網路，榮和的茅酒不但通過遵義和貴陽的各家鹽號經銷，他還委託重慶的稻香村向四川及周邊地區銷售。茅台酒的區域性市場開拓，應是從榮和開始的。

因為耗糧多、釀造時間長以及產能有限，所以成義與榮和出品的茅台酒從一開始就採取了高價策略。據華問渠的講述，

⊙「王茅」創始人王立夫

19世紀70年代末，「華茅」和「王茅」一斤售價為生銀九分，比當地的其他高粱白酒貴了五六倍。到1902年，每斤賣生銀一錢一分。再到後來，物價上漲，酒價也隨之提高，民國初年穩定在1～2銀元。按照當時的物價，一斤茅台酒可以換40斤大米。

老邱的岳母曾經對他回憶說，她當年從仁懷去遵義女中讀書，帶一瓶自家的茅酒，可以換一個月的口糧。

與國內的其他白酒相比，茅台酒的售價一直排在第一。到民國初期，茅台酒已經遠銷到華北和東北等地。我查閱《哈爾濱市志》，在20世紀20年代，該市的茅台酒市場價為每瓶1銀元，汾酒為0.55銀元，其他普通白酒為0.14銀元左右。

⊙ 1862年始建的成義燒房全景。

⊙ 成義燒房舊址。1985年，茅台酒廠在原址上改建成製酒一車間生產房，是一座台梁式小青瓦頂仿古建築，大門上有「茅酒之源」四個大字。

⊙ 茅台酒廠製酒一車間生產房的後面是原成義燒房生產茅台酒時所用的楊柳灣古井，它是茅台酒早期的釀酒水源。

⊙ 榮和燒房踩麴房、烤酒房舊址。

⊙ 榮和燒房幹麴倉始建於 1879 年。1935 年，紅軍長征經過茅台鎮時曾在此宿營。

⊙ 早年的茅台酒包裝「卮子」。

全球的高端消費品產業有「三高」特徵，即高耗材、高定價和高毛利。當年的貴州地偏民窮，然而出品的茅台酒卻已符合這三條。

1915 年：在巴拿馬萬國博覽會上獲獎

進入 20 世紀之後，清王朝風雨飄搖，人心思變。那些年，華之鴻在貴陽政壇頗為活躍。他參與創辦了公立南明中學，還是《黔報》的主要出資人。1907 年，他被推選為貴州商務總會會長。1909 年，清廷嘗試憲政改革，貴州成立諮議局，華之鴻是 39 名議員之一。在政治立場上，他屬憲政黨，與鼓吹革命的自治黨人亦分亦合。

1911 年，辛亥革命爆發，貴州兵不血刃實現了光復。華之鴻被推為新政權的財政部副部長兼官錢局總辦。那段時間，他很少有精力去打理成義燒房的生意。

這些時局的詭譎突變，對蝸居在黑箐子莊園裡的王立夫來說，似乎是一些十分遙遠的事情。榮和的茅酒越賣越好了，1910 年 10 月，南京舉辦南洋勸業會，那是近代中國的第一次大型博覽會。「王茅」被貴州的農林署推送參選並獲獎。1914 年，王立夫的獨生子王承俊出生。

到 1915 年年底，王立夫被告知，榮和的茅酒又獲獎了，這一次得的是巴拿馬萬國博覽會的獎。他應該不知道巴拿馬是什麼，博覽會又是在哪裡舉辦的，不過說的人多了，他覺得，這件事可能挺重要的。

博覽會是工業革命的產物，它通過商品集中陳列的方式，展示一個時代最先進的技術和一個國家的經濟實力。用今天的話說，這是一個「秀肌肉」的地方。

全球的第一場工業品博覽會是 1851 年的倫敦萬國博覽會。英國政府為此專門建造了恢宏的水晶宮。在博覽會上，人們看到了最新發明的紡紗機、抽水機和拉線機，這些不同的機器通過鍋爐房產生的蒸汽，一起被驅動。這一場景展示了工業革命的偉大動力。

1904 年，美國在聖路易斯舉辦了世界博覽會，那時美國的鋼鐵總量已經超過英國。愛迪生親自來到電氣館，用無線電撥通了與芝加哥的電話。140 輛來自美國底特律和英、德各國的汽車，讓人們大開眼界。清政府派出一支由溥倫貝子領隊的代表團，也搭建了一個中國館，這是中國第一次參與國際性的博覽會。在眾多的參觀者中，就有正在醞釀革命的孫中山。

1915 年的巴拿馬萬國博覽會，是美國為了紀念巴拿馬運河開通而舉辦的一場盛會，地點在三藩市市。它從 2 月開展，到 12 月閉幕，展期長達 9 個半月，總參觀人數超過 1800 萬，創下了歷時最長、參

⊙ 1915 年美國巴拿馬萬國博覽會中國館正門牌樓。

加人數最多的博覽會紀錄。

北洋政府早在兩年多前就接到了參展的邀約，當時的實業總長是著名實業家張謇，他委派陳淇擔任籌備局長，積極籌畫參展事宜。在各省的熱烈推選下，籌備局一共組織了10萬件參展商品，在上海港裝了1800個大木箱，它們基本上代表了當時中國實業界最為精良的水準。

那麼，是誰把小山溝裡的茅台酒送了出去？

根據周山榮的考證，貴州人樂嘉藻在其中起到了不小的作用。他時任直隸商品陳列所所長，並負責全國名優產品的選拔。當時從貴州送去的參展物品，除了仁懷的茅台酒，還有一個科技教學儀器「乘方積木」。

赴賽通知由農商部發到貴州巡按使公署，再由仁懷縣公署轉達給縣商會。因為「燒房」的稱謂與國際慣例不相協調，北京的籌備局便使用了「茅台造酒公司」和「貴州公署酒」的名號。

⊙ 美國巴拿馬萬國博覽會開幕式現場。

中國在巴拿馬萬國博覽會上共獲得1211個獎項,是參展的31個國家中得獎最多的國家。其中,中國的酒類商品獲獎頗豐,「貴州公署酒」也在此列。

後世有一則逸事流傳很廣:在展館陳列時,茅台酒包裝粗陋,並不為人關注。直到有一次,工作人員在搬酒時靈機一動,怒擲酒瓶,一時酒香四溢,引來人們的圍觀。

燒房打官司,省長和稀泥

茅台酒在國外得了獎的消息傳回貴州後,被當地報紙紛紛報導,而燒房的主人們也都意識到了它的廣告價值。然而,一個問題就出現了:被送去參展的,到底是成義的酒還是榮和的酒?

當時兩家燒房的酒瓶跟川貴一帶的高粱酒瓶並沒有太大的區別,是一個圓形鼓腹的土陶瓶,小口短頸,瓶上部施黃釉,瓶口以木塞封閉,外加豬尿包皮蓋封,瓶頸再用細麻繩拴緊。瓶身用紅紙木刻印製,居中印黑字「某燒房回沙茅酒」。在那個年代,照相技術還沒有傳到仁懷,資訊也很閉塞,所以誰也弄不明白「貴州公署酒」到底是哪一家的。

於是,兩家開始打官司。

官司先是打到仁懷縣商會,但小小縣商會一是無法判定,二是哪家也得罪不起,只得呈文縣公署。縣知事收到狀紙後也束手無策,於是又一紙呈文將矛盾交到了省長公署。

這場官司拖泥帶水地竟然打了兩年多,到1918年6月,省長劉顯世做出了裁決:是兩家共同選送的,以後都可以拿來宣傳,不過獎

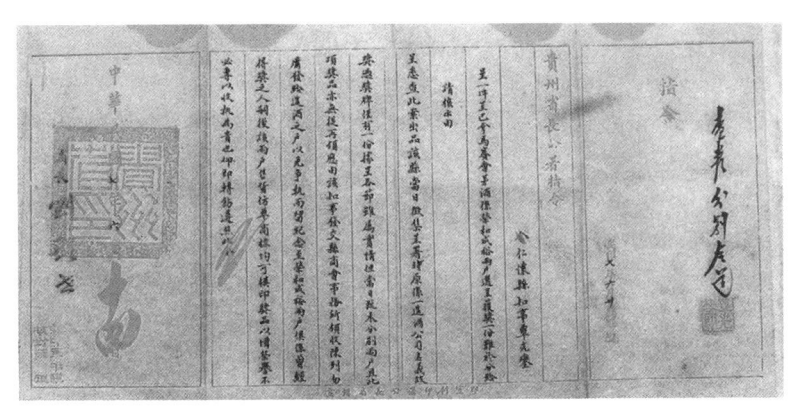

⊙ 1918年貴州省長公署關於茅台酒獲獎紛爭的裁決書。

狀和獎牌只有一份，就留存在縣衙門了。「裁決令」的原文如下：

貴州省長公署指令

令仁懷縣知事覃光鑾：

呈一件。呈巴拿馬賽會茅酒，系榮和、成裕兩戶選呈，獲獎一份，難予分給，請核示由。

呈悉。查此案出品，該縣當日徵集呈署時，原系一造酒公司名義，故獎憑、獎牌謹有一份。據呈各節，雖屬實情，但當日既未分別兩戶，且此項獎品亦無從再頒，應由該知事發交縣商會事務所領收陳列，勿庸發給造酒之戶，以免爭執，而留紀念。至榮和、成裕兩戶俱系曾經得獎之人，嗣後該兩戶售貨仿單、商標，均可模印獎品，以增榮譽，不必專以收執為貴也。仰即轉飭遵照。此令。

中華民國七年六月十四日
省長劉顯世

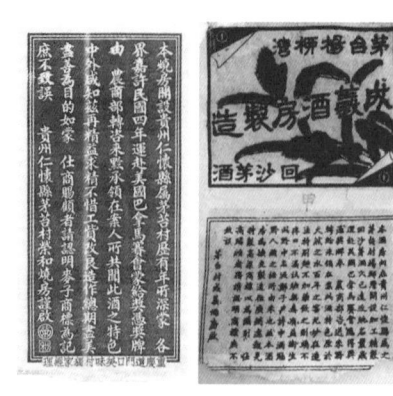

⊙ 成義燒房酒標（左）、榮和燒房酒標（中、右）

縣裡接到省上的「裁決令」，長舒一口氣，馬上以縣公署名義致函縣商會：

省長指令：據本署呈巴拿馬賽會事，榮和、成裕兩戶選呈，獲獎一份，難於分給，請核示一案。奉令開：呈悉云云等因。奉此，除將獎品函交商會事務所領收陳列，以資紀念，並分令榮和、成裕燒房知照外，合行轉令仰該榮和、成裕燒房遵照，迅赴商會將獎品模印於售貨商標，以增榮譽，是為至要，切切！此令。
令茅台村榮和、成裕燒房遵照。

這份和稀泥式的裁決，自然讓兩家燒房主人頗為滿意，從此不再爭執。華家和王家分別在縣商會和茅台鎮設宴招待各界人士，以示慶賀。

這一場官司也打出了燒房的品牌意識，兩家分別去申請了商標，

成義的商標印有三束紅色的高粱，榮和則印有三束鵝黃色的麥穗。酒標用紙也改成質地更好的道林紙，在背標上，說明本酒取楊柳灣天然泉水、運用傳統工藝釀造而成，特別強調曾在巴拿馬萬國博覽會獲獎。

在中國近代商業史上，1915年的巴拿馬萬國博覽會因參展品數量和獲獎較多，一直被學界頗為看重。中國近代博物館事業的開創人之一嚴智怡認為，這可能是中國作為一個民主國家首次在世界舞台上與列強面對面。

在茅台酒的發展史上，巴拿馬萬國博覽會也有標誌性的意義。通過參展及後來的那場官司，茅台人上了一堂具有現代意識的品牌課。也許他們仍然不明白「巴拿馬」到底是什麼意思，但是這個陌生的舶來詞及其帶來的傳播效應，令他們隱約觸摸到一個更遼闊的世界。

茅台酒的現代基因，便在這次糊裡糊塗的獲獎中確立了下來。

04
「毛澤東由此渡河」

> 雄關漫道真如鐵,而今邁步從頭越。
> ——毛澤東,《憶秦娥‧婁山關》

1935 年:三渡赤水在茅台

我站在婁山關上,印象最深的居然是山間的桂花樹。

那是 9 月初,盛夏剛去,暑氣猶在,黔北大山中的桂花卻已早早地開了,比杭州的起碼早了將近一個月。幽幽的桂花香從某個岩角散出,讓人有種猝不及防的驚喜。

在中國的軍事關隘名錄上,如果沒有發生在 1935 年的那兩場戰鬥,婁山關可以說是微不足道的。它地處遵義與桐梓的交界,素稱「川黔咽喉」。站在山頂眺望,此處山陡岩多,地勢狹隘,攻防雙方一旦打起來,幾乎談不上什麼高明的技戰術,拼的全是一股不怕死的狠勁兒。

1934 年 10 月,因第五次反「圍剿」失敗,中央紅軍主力被迫長征。第二年 1 月,紅軍攻克遵義,中共中央召開遵義會議,事實上確立了毛澤東在黨中央和紅軍的領導地位。其間紅軍兩次攻占婁山關,殲滅黔軍 600 餘人,取得紅軍長征以來的首次大捷。毛澤東寫下盪氣迴腸的名篇《憶秦娥‧婁山關》:

西風烈，長空雁叫霜晨月。

霜晨月，馬蹄聲碎，喇叭聲咽。

雄關漫道真如鐵，而今邁步從頭越。

從頭越，蒼山如海，殘陽如血。

當時的紅軍命懸一線，後面有蔣介石的中央軍死咬不放，周遭是黔軍、川軍和滇軍的圍追堵截。毛澤東展現出驚人的軍事才華，他力排眾議，在黔北大山裡機動作戰，四渡赤水，最終擺脫「追剿」，跳出包圍圈，由黔入滇，先過金沙江，再渡大渡河，在瀘定翻越雪山，進入川西草地，最終抵達陝北。

萬里長征歷時一年，中央紅軍在貴州境內的 4 個月，是中國共產黨人的生死攸關時刻。正是在這個時期，毛澤東確立了黨內領導地位，並與周恩來、朱德形成「鐵三角」。因此，在黨史和軍史上，「遵義會議」和「四渡赤水」都為重要的標誌性事件。

紅軍第三次渡赤水河，便是在茅台鎮。毛澤東渡河的具體地點，是榮和燒房王家的下場口私渡。今天，在那裡的黃桷樹下立有一塊石碑，上書「毛澤東由此渡河」。

酒入鋼鐵腸，百轉釀豪氣

紅軍攻占茅台鎮，是在 1935 年 3 月 16 日清晨。就在前一天，紅軍與黔軍在 20 公里外的魯班場剛剛激戰一場，因傷亡過大，毛澤東

⊙ 1979年，仁懷縣政府在茅台鎮下渡口建紀念碑，碑正中書「茅台渡口」。

主動下令撤出了戰鬥。[1]

當紅軍開進茅台鎮後，四架敵機隨之飛臨，十多枚炸彈落在商會、武廟和衙門，燒著了好幾棟民房。紅軍忙著跟鄉民們一起救火，有兩位戰士在鼓樓和卡房（監獄）附近被炸犧牲。[2] 據記載，在當時的戰鬥中，還發生了紅軍用機槍打下一架飛機的奇事。《紅星報》報導：「蔣敵黑色大飛機一架低飛至長壩槽，被我警衛營防空排射彈八十五發，擊落在茅台附近。」這張報紙至今還保存在遵義會議紀念館裡。

紅一軍團教導營營長陳士榘接到一個特殊任務，就是指揮教導營和軍委工兵營聯合在茅台鎮架起兩座浮橋。陳士榘勘察地形，最後選定了浮橋架設地址，一座在朱砂堡，另一座在觀音寺。朱砂堡是王家「天和號」的私家渡口，而觀音寺則靠近榮和燒房。

紅軍進入茅台鎮，禁令擾民。這時，「天和號」掌櫃王立夫已病故，家業由獨子王承俊掌管。王承俊思想開明，曾和周林（地下黨，新中國成立後曾擔任貴州省省長）是同學，聽說紅軍進鎮，立即安排工人挑了兩擔酒前去犒軍。

---

1 袁澤光，《中央紅軍過仁懷》，中央文獻出版社，2012年。
2 同上

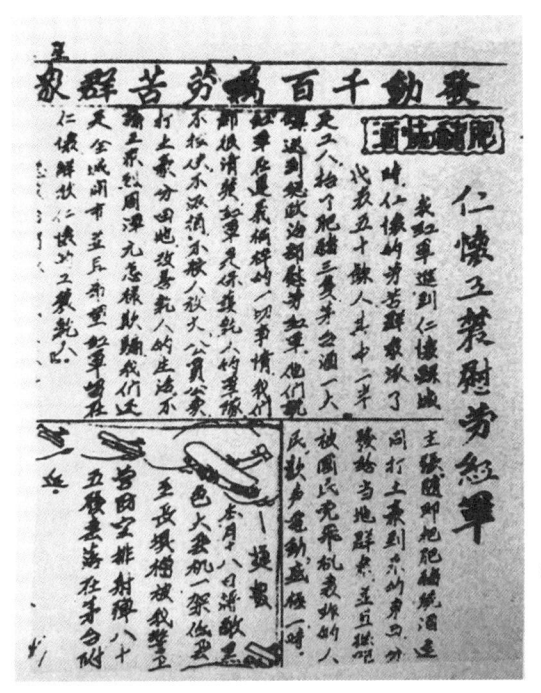

⊙ 1935年4月5日的《紅星報》刊載了殲滅敵機的消息以及《仁懷工農慰勞紅軍》文章

　　傍晚時分，毛澤東等人從下場口的浮橋過河。背毛澤東過浮橋的是老船工賴應元，毛澤東給了他一副銀手鐲以作酬謝。1958年，當年的警衛員陳昌奉回茅台調查，拿出照片辨認，賴應元這才知道，自己當年背過浮橋的人，居然是一位影響中國歷史的大人物。[3]

　　紅軍在茅台鎮的駐紮時間前後不足三天，一直在緊張地應戰、動員和備戰，軍情十分兇險，死亡如陰影尾隨不去。不過，將士們回憶

---

3 《赤水河邊尋覓紅軍腳步》，《現代快報》，2006年10月12日T8版。

起那幾天的時候，總是會說到茅台酒。以至在後來的很多年裡，「茅台回憶」成為萬里長征中極少有的帶有輕快和浪漫主義色彩的話題。

警衛員陳昌奉回憶，主席的馬夫老于用個長竹筒把中間打通以後裝酒，抬著走，就像抬機槍，數他帶的酒最多。那時仁懷的群眾還沒怎麼走，因此可以買到大量的酒。主席還跟他們談到茅台酒為什麼那麼有名。[4]

聶榮臻在茅台鎮休息的時候，為了品味一下舉世聞名的茅台酒，便和羅瑞卿叫警衛員去買些來嘗嘗。結果酒剛買來，敵機就來轟炸。於是，他們又趕緊轉移。[5]

耿飆將軍回憶：「這裡是舉世聞名的茅台酒產地，到處是燒鍋燒房，空氣裡彌漫著一陣陣醇酒的醬香。儘管戎馬倥傯，指戰員們還是向老鄉買來茅台酒，會喝酒的細細品嘗，不會喝的便裝在水壺裡，行軍中用來擦腿搓腳，舒筋活血。」[6]

李志民將軍在加入紅軍前當過小學校長，他還寫了一首名為《茅台酒》的打油詩：「沒有月亮沒有星，踏過沙河爬山嶺，公雞啼叫天發亮，紅軍走過茅台鎮。眼發花來頭發暈，人在夢裡夜行軍，想喝一口茅台酒，解解疲勞爽爽心。」[7]

隨軍作家成仿吾回憶：「茅台鎮是茅台名酒的家鄉，緊靠赤水河

---

4 《貴州社會科學》編輯部、貴州省博物館，《紅軍長征在貴州史料選輯》，1983年。
5 聶榮臻等，《偉大的轉折：遵義會議五十周年回憶錄專輯》，貴州人民出版社，1984年。
6 耿飆，《耿飆回憶錄》，中華書局，2009年。
7 李志民，《李志民回憶錄》，解放軍出版社，1993年。

邊有好幾個酒廠與作坊。政治部出了佈告，不讓進入這些私人企業，門都關著。大家從門縫往裡看，見有一些很大的木桶與成排的水缸。酒香撲鼻而來，人欲醉。地主豪紳家都有很多大缸盛著茅台酒，有的還密封著，大概是多年的陳酒。」[8]

成仿吾所提到的政治部的佈告，是1935年3月16日中國工農紅軍總政治部以主任王稼祥、副主任李富春的名義發佈的關於保護茅台酒的通知，全文如下：

民族工商業應鼓勵發展，屬於我軍保護範圍。私營企業釀製的茅台老酒，酒好質佳，一舉奪得國際巴拿馬金獎，為國人爭光。我軍只能在酒廠公買公賣，對酒灶、酒窖、酒罈、酒甑、酒瓶等一切設備，均應加以保護，不得損壞。望我軍將士切切遵照。[9]

1936年，紅軍抵達陝北後，美國記者愛德格・斯諾到延安採訪，毛澤東倡議全軍寫回憶文章，總政治部在很短的時間裡徵集到200多篇、約50萬字的回憶錄，編成《紅軍長征記》（又名《二萬五千里》）一書。其中，很多將士都在文中提到了茅台鎮和茅台酒。紅一軍團教導營的熊伯濤的文章標題就叫《茅台酒》，他寫到了很多當年的細節：

8　成仿吾，《長征回憶錄》，人民出版社，2006年。
9　高爽，《紅軍總政治部張貼佈告保護茅台酒須公買公賣不得損壞設備》，中國共產黨新聞網，2016年7月12日（編按請接行）http://dangshi.people.com.cn/n1/2016/0712/c85037-28547140.html。

魯班場戰鬥，軍團教導營擔任對仁懷及茅台兩條大路的警戒。在這當中，除了偵察地形和進行軍事教育以外，時常打聽茅酒的消息─特別是沒收土豪時。但是所得到的答覆常是「沒有」。……茅台村，

⊙《紅軍長征記》（上）是關于長征的最原始的記錄，其底本是愛德格‧斯諾創作的《紅星照耀中國》（下）的重要來源

離此只有五六十裡了。……追到十多裡後，已消滅該敵之大部，俘獲人槍各數十和槍榴彈彈筒一，並繳到茅台酒數十瓶，我們毫無傷亡。戰士……欣然給了我一瓶，我立即開始喝茅台酒了……「義成老燒坊」是一座很闊綽的西式房子，裡面擺著每只可裝二十擔水的大口缸，裝滿異香撲鼻的真正茅台酒。封著口的酒缸大約在一百缸以上，已經裝好瓶子的，約有幾千瓶。空瓶在後面院子內堆得像山一樣。[10]

「能戰善飲」──上馬呼嘯殺敵，下馬豪氣飲酒，從來是人們對古之名將的一種想像。即便沒有讀過多少書的人，都背得出唐代詩人王翰的那首《涼州詞》：「葡萄美酒夜光杯，欲飲琵琶馬上催。醉臥沙場君莫笑，古來征戰幾人回。」度過後有敵兵窮追、空中有敵機轟

10　劉統，《紅軍長征記：原始記錄》，生活‧讀書‧新知三聯書店，2019年。

炸的戰鬥歲月，那些紅軍戰士百戰歸來，回想起當年赤水河畔的那一口烈酒，酒入鋼鐵腸，百轉釀豪氣，自然終身回味不盡。

周恩來為什麼偏愛茅台酒

在翻閱老軍人的回憶文字時，我突然有一個發現，很多人在說到茅台酒時，除了酒香勁足，更津津樂道的，居然是能用它來搓腳和療傷。

成仿吾在回憶錄裡便說：「我們有些人本來喜歡喝幾杯，但因軍情緊急，不敢多飲，主要是弄來擦腳，恢復行路的疲勞，而茅台酒擦腳確有奇效，大家莫不稱讚。」[11]

蕭勁光將軍回憶：「我們在茅台駐紮了三天，我和一些同志去參觀了一家酒廠。有很大的酒池，還有一排排的酒桶……有些同志還買了些用水壺裝著，留著在路上擦腳解乏。」[12]

新中國成立後曾任中央檔案館館長的曾三也有類似的回憶：「長征路上，我深深感到腳的重要。道理很簡單：長征是要走路的，沒有腳就不能行軍，沒有腳就不能戰鬥。大家不是聽說過「紅軍過茅台，用酒洗雙腳」的故事嗎？這不是假的，因為用酒擦洗是最好的保護腳的辦法。」[13]

還有人參加戰鬥時挨了一槍，拿茅台酒洗過傷口很快就好了。茅

11　成仿吾，《長征回憶錄》，人民出版社，2006年。
12　肖勁光，《肖勁光回憶錄》，解放軍出版社，1987年。
13　周山榮、龍先緒，《貴州商業古鎮茅台》，貴州人民出版社，2006年。

⊙ 1950 年，中國人民解放軍 139 團解放仁懷、赤水、習水縣。抗美援朝開始後，部隊從仁懷開赴朝鮮參戰。圖為茅台人民歡送 139 團赴朝。

台酒在長征路上立了大功，沒有酒精之類的，用茅台酒療傷也管用。

秦含章（1908—2019）是新中國成立後的第一代白酒專家，曾任第一輕工業部發酵工業科學研究所所長。20 世紀 50 年代，他與鄧穎超在一起開「兩會」，便問鄧大姐：「長征時周總理路過茅台鎮，聞香下馬，是不是從那時開始就喜歡上了茅台酒？」

鄧穎超的回答頗出乎他的意料。「鄧大姐說，喜歡是喜歡，但並不是像大家以為的從那時就喜歡喝。」鄧穎超深情地回憶道，長征時部隊一路走一路打仗，傷病員很多，而部隊缺醫少藥。到了茅台鎮，芳香撲鼻的茅台酒確實吸引了周總理，得知茅台酒的酒度有 65 度，他當即決定用茅台酒替代藥水，為傷患殺菌療傷。茅台酒為保證紅軍

及時上路做出了很大貢獻,這是茅台酒的光榮歷史。[14]

這些私人回憶文字,都清晰地透露出一個事實:在軍事戰爭最為艱難的時刻,茅台酒曾起過「療傷救命」的作用。對於那些從硝煙戰火中倖存下來的人,這構成了一種終身難以忘懷的記憶,日後的喜愛、飲用和講述,實際上是對已經逝去的激情歲月的回味和共情。

周總理一生之中,難得不顧「總理威儀」,放情忘我,也與茅台酒有關。1958年10月,志願軍戰士從朝鮮凱旋時,周總理親自去車站迎接。隨後,總理在北京飯店舉行盛大宴會慰問志願軍戰士代表。那天,他特別高興,一開始,他就滿懷激情地說:「要請大家喝慶功酒,要動真格的,喝我國的名酒──貴州茅台。」誰也沒數周總理喝了多少杯酒,幾乎所有的代表都和他碰了杯。第二天,周總理醉臥了一天。[15]

新中國成立後,很多高級將領是茅台酒的「死忠粉」,特別是許世友將軍,非茅台酒不飲,去世之後,隨葬物中還有兩瓶茅台酒。[16]

那個寫《茅台酒》的熊伯濤,1955年被授少將軍銜。有一個時期,他遭到錯誤批判,連降兩級,有一位老戰友在關鍵時刻卻沒有施以援手,兩人因此有十多年互不來往。有一年,熊伯濤突然收到兩瓶茅台酒,一查,是那位老戰友寄來的。熊將軍仰天一笑,兩人冰釋前嫌。

14　秦含章,《希望所有的人民都能感受到茅台酒的好處》,《世界之醉》2003—2004。
15　紀錄片《周恩來外交風雲》,中央新聞紀錄電影製片廠,1998年。
16　劉良,《與酒相伴的許世友》,《四川黨史》,2001年02期。

好男兒的鐵血情誼，無須一言，盡在酒中。[17]

　　茅台酒一度有「軍酒」之稱，在 20 世紀 50 年代的抗美援朝、70 年代的對越自衛反擊戰中，茅台酒常常成為衝鋒前的壯行酒和戰鬥結束後的慶功酒。深究其中的原因，很重要的便是那份濃烈而自豪的長征情結，它成為中國軍人集體記憶的一部分。

「是假是真我不管，天寒且飲兩三杯」

　　紅軍到達陝北後，「兩萬五千里長征」成了一個傳奇。特別是 1937 年，美國記者愛德格·斯諾出版《紅星照耀中國》（中文版曾譯為《西行漫記》），蜚聲中外，大大提升了共產黨的聲譽。同時，國民黨及右翼報紙則極盡誹謗之能事，其中一例，便是有人嘲笑紅軍沒有文化，竟然把茅台酒用來洗腳。

　　1943 年，大律師沈鈞儒的兒子、畫家沈叔羊在重慶舉行畫展，有一幅題為《歲朝圖》的水墨畫，繪了幾朵秋風中的菊花、一個茅台酒壺、兩隻酒杯。民主人士黃炎培在畫上題詩雲：

　　喧傳有客過茅台，釀酒池中洗腳來。
　　是假是真我不管，天寒且飲兩三杯。

　　到 1945 年，為了推動國共兩黨談判，黃炎培、章伯鈞、梁漱溟

17　熊伯濤，《熊伯濤回憶錄》，解放軍出版社，2004 年。

等六位國民參議員組團飛赴延安斡旋。正是在那次訪問中，黃炎培與毛澤東在窯洞裡促膝對談，討論如何走出「其興也勃焉，其亡也忽焉」的歷史週期率，有了著名的「窯洞對」。

在棗園的會客室裡，黃炎培意外地看到，沈叔羊的那幅《歲朝圖》居然懸掛在黃土壁上，一問，是董必武購回送到了延安，黃炎培大為感慨。新中國成立之後，黃炎培以民主人士身份出任政務院副總理兼輕工業部部長。1952 年冬天，他去南京調研，陳毅以茅台酒設宴款待他。席間，陳毅感歎道：「當年在延安，讀先生《茅台》一詩時，十分感動。在那個艱難的年代，能為共產黨說話的，空谷足音，能有幾人。」酒酣興起，陳毅即興步韻賦詩：

金陵重逢飲茅台，萬里長征洗腳來。
深謝詩筆傳韻事，需在江南飲一杯。

黃炎培隨即和詩一首：

萬人血淚雨花台，滄海桑田客去來。
消滅江山龍虎氣，為人服務共一杯。[18]

在茅台酒廠的檔案室裡，有數百份史料和口述文件，記錄了當年的種種逸事。它們構成了茅台酒與國家記憶之間的微妙關係，讓品牌

18　丁亮春，《詩酒傳情共譜佳篇：記陳毅元帥與黃炎培先生的一段交往故事》，《中國統一戰線》，2001 年 09 期。

⊙ 當年的渡口處立有一石碑，上書「毛澤東由此渡河」

⊙ 調研時，我常住的「茅台人家客棧」

具備了難以複製的勢能和歷史資產。在後來的市場競爭中，它們無法以廣告的方式呈現，卻通過書、文章及口口相傳，成為茅台酒文化價值最重要的組成部分。

為了寫《茅台傳奇》，我在三年時間裡二十餘次來到茅台鎮。前幾次住的是茅台國際大酒店，後來就有意選鎮上的民宿住，我想在日常的生活中接觸這個小鎮更多的真實細節。

有一次，我住的「茅台人家客棧」就在茅台鎮的半山腰，沿著盤山路往下走，便是當年的下渡口。如今，那裡被拓展成了紅軍廣場，在紅軍架浮橋的水面上，修了一座鐵索橋，橋的兩側掛滿五角紅星。到了夜間，紅星通電發光，別有一番英雄主義的浪漫。

那天黃昏時分，我站在河畔的黃桷樹下，望著「毛澤東由此渡河」

⊙ 夜晚亮燈的紅軍橋

的石碑,許久之後,忽然若有所悟。寫這句話的人應該有他的深意,這個「河」,既是眼前的赤水河,又是當代中國的歷史之河。

05
賴茅十三年

我會勾酒。
—— 賴永初

遍地都是「茅台酒」

紅軍三渡赤水之後，茅台鎮又恢復了舊有的秩序。在後來的那些年裡，華家和王家都發生了一些變化。

隨著傳統鹽業的蕭條，華家的商業版圖縮小了很多。晚年的華之鴻專心禮佛，生意都交給兒子華問渠打理。而華問渠是一個書生，只對文通書局感興趣，十多年裡從來沒到過茅台鎮，「華茅」的年產量一直維持在 8000～9000 斤。

華問渠在後來的回憶資料中記敘了一件跟擴產有關的事情：

1944 年，我在重慶文通書局料理出版事務，忽接成義酒房經理電報，謂酒房被焚，地面建築大半燒毀，幸酒窖因儲酒不多得以保存。我驚愕之餘，當即複電指示，迅速籌款修復，並借這個機會擴大生產設備，以年產十萬斤為指標。酒廠依此進行了擴建，但由於條件限制，不能大量採購原料，結果年產僅增加到四萬斤。但這個數字，已是成義數十年來的最高紀錄了。[1]

王家的情況稍稍複雜一點。王立夫在 1931 年去世，獨子王承俊繼承家業，他是一個喜歡穿西裝的新派人物，對土而又苦的釀酒興趣寥寥。燒房的生意交給石榮霄[2]家族打理，石榮霄的孫子王澤生在很長一段時間裡把持榮和，1936 年，他逼退王承俊，獨占了全部的股份。榮和的年產量維持在 2 萬～4 萬斤。

　　如果在民國中後期開一家釀造茅台酒的燒房，一年的盈利會有多少？

　　在《茅台酒廠廠志》裡存有一份資料，是 1939 年榮和燒房的掌櫃給東家的帳目報備，細目如下：

　　收入項：該年釀酒 2 萬斤，每斤售價 1 銀元，合計收入 2 萬銀元。

　　支出項：購糧 12 萬斤，每斤購進價 0.0167 銀元，共 2,004 銀元；耗燃料 13 萬斤，每斤 0.011 銀元，共 1,430 銀元；用酒瓶 2 萬個，每個 0.05 銀元，共 1,000 銀元；開銷工資 780 銀元。以上各項開支共 5,214 銀元。

　　燒房一年的毛利 14,786 銀元。

　　榮和燒房創建時，三家股東共投入 600 兩白銀（1 銀元約折合白銀 0.7 兩），以後每年若有固定資產投入，比如新開酒窖和建酒倉，

1　華問渠，《貴州成義茅酒（華茅）紀略》，《貴州文史資料選輯》（第四輯），貴州人民出版社，1980 年。
2　石榮霄本姓王，少時被過繼給石家，後來歸祖回籍，後代亦姓王。王立夫與石榮霄沒有血緣關係。

投資也非常有限。比較難計算的是納稅額，民國時期，稅種複雜，各類苛捐雜稅加起來，總稅率為 30%～40%。

這筆帳算下來，做茅台酒的投資回報率和利潤率都非常驚人，就投資而言，基本一年就可回本，而此後的年利潤率則為 50%～70%。正因為有那麼高的獲利率，隨著茅台酒的名氣愈來愈大，貴州省內出現了很多做茅台酒的人，在 20 世紀 30 年代，先後冒出 20 多個品牌，比如貴陽泰和莊、榮泰茅酒等。在福泉有一個廠，直接就起名叫「貴州茅酒廠」。

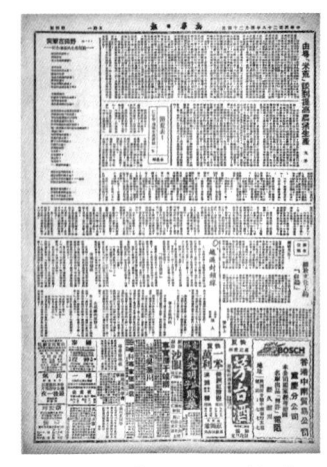

⊙ 1939 年「王茅」在《新華日報》上刊登的茅台酒廣告：快買真正貴州茅台酒，美味村獨家經理，如假罰洋百元。

四川古藺縣的二郎鎮，距離茅台鎮約 40 公里，在張廣泗疏浚赤水河之後，這裡也成為一個繁榮的鹽岸碼頭。1904 年，一個叫鄧惠川的人開辦絮志酒廠，一開始採用的是瀘州的雜糧釀製法；到 1924 年，見茅台酒名氣大了，他便全部參照茅台工藝，給釀的酒起名「回沙郎酒」，酒廠的名字也改為惠川糟房。1933 年，木材商人雷紹清集資創辦集義酒廠，也用茅法釀酒，有一年，成義燒房發生了一場大火，酒窖俱毀，雷紹清乘機把成義的鄭姓總酒師——當時稱為「掌火師」——挖來二郎鎮，所釀的酒起名為「郎酒」。根據《四川經濟志》記載，抗日戰爭前，郎酒的每斤售價為 0.6～0.7 銀元，雖略低於成義和榮和，但每年的出酒量卻有 40 噸左右，遠遠超過了茅台鎮兩家

燒房的總和。

到 1936 年，一個叫賴永初的人涉足茅酒，終於把茅台鎮的釀酒業帶到了一個新的高度。

賴茅的誕生

在民國貴州商界，賴永初是繼華聯輝之後名氣最大的實業家。1980 年，他曾口述《我創制「賴茅」茅台酒的經過》，相關史料較為詳實。

賴永初祖籍福建，他的父親在貴陽大南門開了一間叫「賴興隆」的雜貨店。1924 年，賴永初接手店鋪生意，轉型專營銀錢業務。他很有商業頭腦，錢莊生意日隆。後來他涉足鴉片，把雲貴的貨通過「潮州幫」販賣到漢口、上海、廣州等地，他的錢莊生意也隨之輻射到了雲南、廣西和四川。

在不長的時間裡，賴永初積累了 30 多萬銀元的資產，成為貴州青年一代商人中的翹楚。不過他的名聲不太好，販賣鴉片就是販毒，很多人鄙視他發的是缺德財和國難財。

1936 年，一位叫周秉衡的商人找賴永初合作。周有兩攤生意，一是在三合縣有一個銻礦，二是在茅台鎮有一間衡昌燒房。衡昌燒房「年產約一二萬斤，品質也很差，與當地和貴陽一般酒比較，品質高不了多少，因而推銷不開」[3]。

3　賴永初，《我創制「賴茅」茅台酒的經過》，《文史資料選輯》（第十九輯），中國文史出版社，1989 年。

賴永初一心想要洗刷名聲，覺得做實業是新的出路。權衡再三之後，他決定與周秉衡合資成立貴陽大興實業公司，他出資 6 萬銀元，周以衡昌作價 1.5 萬銀元、銻礦作價 5000 銀元，總股本 8 萬銀元。五年後，賴永初又出了 1 萬銀元將周秉衡勸退，把衡昌更名為恒興，開始花精力來做酒。與「華茅」「王茅」是民間的一種俗稱不同，「賴茅」從誕生的第一天起就是一個註冊品牌。在口述文章裡，賴永初講述了當初萌發靈感的故事：

　　一天，我去館子吃飯，忽然別桌打起架來，把桌子都掀翻了。我去察看，雙方是為了猜拳，一個說他輸了拳不吃酒耍「賴毛」，還把酒淋在他的頭上⋯⋯回來後我想，吃酒、打架、賠錢為的是「賴毛」，「賴毛」二字使我聯想到姓賴的茅台酒，不也是「賴茅」二字。將「賴茅」做商標正好合用，又特別引人注目。想好之後，就計畫做商標，經過研究，酒廠仍叫恒興，酒名就叫「賴茅」，以示區別其他茅酒，再印上「大鵬」商標，以示遠大，並加上科學研究等字。

　　為了慎重，我當時在香港有錢莊，把樣品寄去，交他們在香港印 20 萬套來貴陽。把原來的茅酒重新換商標。我仍不放心，怕又有人偽造，就找當時貴陽有名的律師馬培忠當法律顧問，由他登報申明，如察覺偽造「賴茅」，律師出面，追究法律責任。[4]

　　賴永初的這一段口述十分生動和具體。從靈機一動到註冊系列商

4　賴永初，《我創制「賴茅」茅台酒的經過》，《文史資料選輯》（第十九輯），中國文史出版社，1989 年。

標，再到去香港訂製酒標，以及請律師維權，這一系列嫻熟的操作，表明他已經具備了現代商業運營的基本素養。

賴永初從香港印回來的酒標採用套色印刷，無論是用紙還是創意設計都比成義和榮和大大地高出了一個境界。在「賴茅」字樣下出現了拉丁字母拼音「Ray Mau」，「大鵬」商標則以地球為背景，也配以英文「TRADEMARK」（商標）。在酒瓶的背標上，除了注明來自茅台鎮「產酒名區」，更強調「依照回沙古法參以科學改進，一經出窖則芬芳馥鬱質純味和，不但其他國產名酒難以媲美，即舶來佳釀眾將相較遜色」。

在後來的一次商標改進中，賴永初特別要求，把「用最新的科學方法釀製」單獨突出，以示與王茅、華茅的「傳統工藝」相區別。我曾問季克良，賴永初有什麼「最新的科學方法」，他笑言：「就是一個廣告的說詞吧。」

賴永初還認真研究過酒瓶的材質：

> 出廠必須用土瓶包裝，雖不美觀，但是久不變質，可保酒味香醇，若改為玻璃瓶包裝雖然美觀，缺點是遇陽光曬後，蒸發變味。這是我們多年未能改裝之故。[5]

在酒瓶設計上，賴永初則進行了大膽的改革。「賴茅」一改鼓腹形狀，採用了柱形陶瓶，小口、平肩，瓶身呈圓柱形，通體施醬色釉。

---

5 同上。

⊙（左）賴永初（1902—1981）

⊙（右）1985年，茅台酒廠將恒興酒廠舊址改建為一車間2號生產房，大門上刻有「茅酒古窖」四個大字

⊙ 20世紀30年代的恒興酒廠大門

⊙（左）民國時期的賴茅商標

⊙（右）新中國成立後的賴茅商標

茅台傳奇
從匠心傳承到品牌創新，用6法12式打造全球最具價值白酒帝國

這一造型圓潤飽滿，極具識別度，奠定了茅台酒瓶的基本形狀，後世稱之為「茅形瓶」。

新中國成立之後，茅台酒廠改用景德鎮生產的乳白瓶，而造型則沿用了「賴茅」的經典瓶形。

賴永初：一個懂兌償的商人

有一次，我與周山榮談論茅台酒的早期歷史，說到華、王、賴三家創始人，我們的一個共同感覺是，賴永初是唯一研究產品的人。事實上，終其一生，他只到過一次茅台鎮，但他對品質的態度是極其認真的。

⊙ 賴永初設計的瓶形奠定了茅台酒瓶的基本形狀，後世稱為「茅形瓶」

他在口述實錄中說：

當時貴州土匪甚多，路途不便，我就通知葛志澄（經理）、鄭酒師把我廠出的新酒、老酒、爆酒三種各運十斤來貴陽，我親自研究。經過兩三個月的研究、兌償，又請很多吃酒的友人試嘗品評之後，決定叫葛志澄和鄭酒師照我的辦法去做，並要他們照此法先運 1000 瓶來貴陽試銷，果然不錯，以後他們都是照我的辦法兌酒。[6]

---

6 賴永初，《我創制「賴茅」茅台酒的經過》，《文史資料選輯》（第十九輯），中國文史出版社，1989 年。

賴永初品酒有自己的門道，他總結說：「要不爆不辣，必須用嘴嘗試，以口舌品達，若能達二十幾下都還有味，方為合格。」[7]

茅台酒廠的第一任技術副廠長鄭義興，當年便是「賴茅」的總酒師。他曾經回憶，賴永初把他叫到貴陽試酒分級，有一批次的新酒賴很不滿意，評為次等，鄭義興就回去用老酒重新勾兌了一遍，第二天再讓賴嘗試，他評為優等，竟沒有喝出就是昨天的那批酒。鄭義興用這個故事說明勾兌的重要性，也從側面透露出，賴永初當年的確參與了賴茅的品質管控。

賴永初對自己的勾酒能力一直非常自信。1979年，晚年的他給政府打報告，提出重新回到茅台酒廠參與工作。貴州省輕工業廳委派了三個人去他家裡瞭解情況，其中一個人就是季克良。三人問賴永初，他對酒廠的哪一方面比較熟悉。賴永初脫口而出：「我會勾酒。」

在季克良看來，賴永初會勾酒，顯然是一種業餘的說法。不過，回到20世紀40年代的恒興酒廠，大老闆對酒的品質如此重視和要求嚴苛，自然會影響到經理和酒師的工作態度。後世學者基本認同，當年，「賴茅」的品質略遜於「華茅」，而明顯好於「王茅」。

「賴茅」在釀製工藝上，與「華茅」和「王茅」略有不同。在用糧上，烤一斤酒，用高粱二斤，小麥三斤，出酒率是5：1，低於「華茅」的6：1。在造麴的時候，「賴茅」加入了藥料。據賴永初的記錄：「小麥造麴，由酒師對（兌）放藥料，酒師各有祖傳藥方，我們的藥料內要放肉桂、巴岩香等。」後世的茅台酒去除此節，異於前輩。

7　同上。

在機場和電影院推廣茅台酒

賴永初全資控制恒興後,把酒窖數量從 6 個增加到 23 個,年產量從 2 萬斤逐漸增加,極盛的 1945 年,年產量達到 13 萬斤。那年,成義的產量約為 1 萬斤,榮和大約為 6000 斤,恒興儼然成了茅台鎮最大的酒廠。在市場行銷上,賴永初長袖善舞,進行了很多新鮮的嘗試。茅台酒在 20 世紀 40 年代後期被貴州以外更多的消費者瞭解和接受,「賴茅」起到了最大的作用,甚至一度「賴茅」就是茅台酒的代名詞。

在恒興之前,成義、榮和的銷售基本上都靠鹽號和書局搭銷。前者的市場主要在遵義和貴陽,後者推廣到了重慶和長江中游的一些地方。賴永初則為「賴茅」搭建了一個獨立的銷售網路,他在貴陽設立總號,在漢口、長沙、廣州和上海等十多個城市設立子號(自營店)和簽約代理商,由貴陽派往各地的經理人數曾多達 160 多位。

為了推廣「賴茅」,賴永初率先在報紙上刊登廣告,並在中心城市進行「買一送一」的促銷活動。他還經常有一些別出心裁的創意,比如,拍了宣傳短片在電影院裡放映,還專門灌裝了一批小瓶賴茅酒,在全國各地的機場、碼頭等地贈送試喝。當年,讀報紙、進電影院和去機場的,都是城市裡的知識份子和中產階層,賴永初主攻這些管道,顯然是精準地找到了自己的目標消費群。

也正因此,儘管茅台酒出自當年十分貧窮偏遠的貴州山區,由一群不識字,也從來沒有去過機場、進過電影院的農民酒匠釀製出來,但是在品牌形象上,卻保持了現代感和高貴性,維持了「全國燒酒價格之王」的地位。1947 年前後,「賴茅」在上海市場銷售達 2 萬斤,占到了其總銷量的六分之一,每年在香港的銷售也有 1000 多斤。

在20世紀40年代中後期,賴永初當上了貴陽市參議員,還出任貴州銀行的總經理,出資創辦《貴州商報》和永初中學。他竭力在黨政軍界推廣「賴茅」,是繼軍閥省長周西成之後最不遺餘力的人。

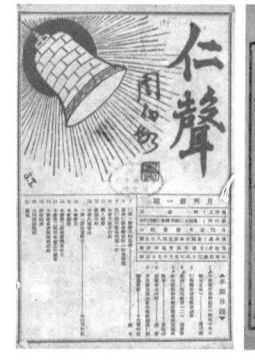

◉ 1947年《仁聲》月刊上刊登的「三茅」廣告。在同一頁上,三家都自稱為「真正茅台酒」。

我找到了一份恒興酒廠1947年的帳表,資料顯示,這的確是一家很賺錢的企業:

那一年,恒興酒廠產酒6.5萬斤(是那幾年產量最低的一年),每斤酒的市場售價1.2銀元,產值為7.8萬元。所用高粱450石,計值5590元;小麥430石,計值6450元;煤50萬斤,約值6000元;酒瓶6.5萬個,約5850元;固定資產折舊800元。全廠固定工人26人,全年工資總額3282元(包括伙食),管理費4750元。以上合計成本2.8772萬元,毛利4.9228萬元。[8]

1941年,賴永初從周秉衡手中全盤接過酒廠,先後總計花了2.5萬銀元,其後用於基建投入的錢無法核實,應該不到5000銀元。也

8　貴州省工商聯合會,《貴州茅台酒史》(見《工商史料1》,文史資料出版社,1980年)。此處所載合計成本疑似有誤,但因明細已不可查,保留原文數字。

就是說，賴永初用一年時間就可以把全部投資收回，還綽綽有餘。

「歷史的時間」在別處

那天，我問自己，如果撰寫清末到民國的中國企業史，會把茅台酒寫進去嗎？仔細想了一下，應該不會。自洋務運動後的一百多年裡，中國商業進步主題是進口替代、擁抱工業化。毛澤東曾說，中國的實業不能忘記四個人——重工業的張之洞、輕工業的張謇、化學工業的範旭東和交通運輸業的盧作孚。[9] 他們都讓各自的產業實現了脫胎換骨般的變革，並形成了與外來資本對抗的能力。

即便在酒業，我們看到的景象，也是新產業的引入、公司治理模式的更新，以及新技術的探索。

1892 年，南洋僑領張弼士投資 300 萬兩白銀，在煙台創辦張裕釀酒公司，引入葡萄酒產業。在 1915 年巴拿馬萬國博覽會期間，北洋政府派出一支由 30 多人組成的「中華游美實業團」，便是由張弼士任團長。實業團受到美國總統威爾遜的接見，還舉辦了一場由 1500 人參加的中美商業領袖午宴會。張裕公司送去參展的四種葡萄酒全部獲得了甲等大獎章。

1900 年，俄國商人在哈爾濱創辦烏盧布列夫斯基啤酒廠，把啤酒這一新品種引入了中國。1903 年，英國和德國商人在青島創建日爾曼啤酒青島股份有限公司，年產能力 2000 噸。隨後幾十年間，北

---

[9] 《時代呼喚張謇精神》，人民政協網，2019 年 12 月 6 日，http://www.rmzxb.com.cn/c/2019-12-06/2480860.shtml。

京、廣州和上海都相繼出現了啤酒廠。

在民國時期的大都市和時尚的年輕知識階層裡，葡萄酒、啤酒以及咖啡，顯然是更具現代氣質的新式生活標配。在我查閱的《哈爾濱市志》裡，茅台酒的每瓶1銀元售價遠高於汾酒和其他高粱酒，不過相較於洋酒，還是有點遜色：法國香檳酒每瓶5.17銀元，法國白蘭地每瓶3.50銀元，英國威士忌每瓶3～5銀元，德國黑啤酒每瓶0.67～1銀元，日本清酒每瓶2.20銀元。民國時期的哈爾濱是一個國際化都市，從酒的牌價看，洋酒顯然更為尊貴和主流。

在傳統的白酒產業，山西的汾酒也開始了現代化的蛻變。1919年，汾陽當地最大的酒廠「義泉泳」發起組建晉裕汾酒公司，設立了股東代表大會、董事會和監事會，一改陳舊的東家模式。這是中國酒業的第一家股份有限公司。釀酒大師楊得齡總結出「二十四訣釀製法」，將汾酒的全套工藝進行了規範化的梳理。到20世紀40年代末，山西汾酒的年產量達到300噸。

還有一些在當年並不起眼的事情正在發生。

在比利時和荷蘭學習菌種選育的方心芳（1907—1992）研究白酒中的酵母菌，寫出了製麴釀酒的第一批科學論文。1933年，他與孫學悟在杏花村蹲點多日，完成《汾酒用水及其發酵醅之分析》《汾酒釀造情形報告》，這是西方化學科學與東方傳統釀造技術的第一次銜接。中國的民族化學工業開拓者範旭東評價說：「方心芳先生心目中的微生物，決不比一條牛小，他是一個忠實的牧童。」[10]

---

10 《方心芳—我國現代工業微生物學的開拓者》，《光明日報》，2006年12月7日，https://www.cas.cn/xw/cmsm/200612/t20061207_2696402.shtml。

在德國柏林大學發酵學院專修啤酒工業的秦含章，歸國後在江蘇、四川和南京等高校任職授課，培養了第一代發酵食品專業的科技人才。1948年，他在無錫的私立江南大學創辦農產品製造系，並擔任系主任，這裡成為中國食品科學與工程學科的重鎮。

　　東北的周恒剛（1918—2004）在撫順酒廠研發成功「麩麴釀酒生產工藝」，用麩麴代替大麴，在東北實現了燒酒生產的規模化。

　　四川的熊子書（1921—2019）調查瀘州小麴，展開「澱粉質製造酒精選用微生物的試驗」。

　　這些接受了現代科學訓練的年輕人，從全新的視角研究中國燒酒，日後他們將重新定義和改造這個千年產業。

　　法國歷史學家費爾南‧布羅代爾提出過「歷史的時間」這一概念。在他看來，在一張簡化了的世界地圖上，某些地點發生的事件代表了當時人類文明的最高水準。這個概念適用于人類文明，也適用於地緣國家或產業變革。如果把這些同期發生的事實放在一起，就可以清晰地發現，在20世紀的上半葉，「歷史的時間」並不在茅台鎮。

　　無論是華聯輝、王立夫還是賴永初，他們都是一隻腳踩進了現代文明，而另一隻腳仍留在舊秩序中的人。賴永初採用了全新的行銷方式，但是從來沒有試圖完成「賴茅」的公司治理變革，他暢想用最新的科學方法釀製茅台酒，但可惜僅僅停留在酒瓶的背標上。

　　時間還將繼續往前行走，它是緩慢而曲折的。中國的命運將進入另外一個敘事邏輯，它所帶來的變化讓所有的人措手不及。

20世紀50年代茅台酒包裝現場

中　部
酒廠時代

1951　～　1978

06
三房合併

> 時間開始了。
> ——胡風，交響樂式長詩《時間開始了》（1949）

革命襲來時的不同命運

1949年11月15日，貴陽解放。賴永初與永初中學的學生們一起，自製了一面紅旗去迎接解放軍。這一場面被攝像機拍攝了下來，成為歷史資料。

在半個多月前，即將出逃的國民黨貴州省政府主席谷正倫派人找到賴永初，敦促他把貴州銀行的所有黃金運送到臺灣，為此還專門留了飛機在興仁縣等候。賴永初以藉口推宕，最終還是選擇了留下。

華問渠辦文通書局，聘任和聯絡了很多國內知識界的名家，包括竺可楨、茅以升以及左翼作家臧克家、茅盾等人。他一直傾向革命，與貴陽當地的地下黨頻頻接觸。

解放軍入城幾天後，賴永初和華問渠等貴陽商界人士得到了第一任貴州省委書記蘇振華的接見，蘇華問渠書記要求與會的商人「放手經營，解除顧慮，恢復經濟」。在接下來組建

⊙ 華問渠

的新政府裡，華問渠被任命為貴州省人民政府委員、貴州省工業廳副廳長，賴永初則是貴陽市政府財政經濟委員會委員。

1950年9月貴州組織了赴京的國慶觀禮團，賴永初把50瓶賴茅用飛機送去北京：

> 我赴京參加國慶觀光，在懷仁堂禮堂見到用「賴茅」編成兩個五星擺在那裡。這次毛主席、朱總司令、周總理接見了我們西南代表團。朱總司令親自招呼我們喝酒，他說：「我知道你們西南來的喜歡喝茅酒，我這裡有。」立即叫服務員拿來茅酒招待。在座的向朱總司令介紹我，這就是賴永初先生，他就是「賴茅」的老闆。朱總司令親切地問：「為什麼叫『賴茅』？」我說：「因為原來貴州辦茅酒的多，有真有假，因此我就把我辦的茅酒改名『賴茅』，防止冒充。」朱總司令笑了一笑說：「你叫『賴茅』，人家還稱我叫『朱毛』。」……大家聽了都笑了起來，他又招呼我們喝酒，然後才離開。[1]

華問渠和賴永初都是貴州商學界名流，而且在政治立場上傾向新

⊙ 1949年11月17日《人民日報》關於貴陽解放的報導

---

[1] 賴永初，《我創制「賴茅」茅台酒的經過》，《文史資料選輯》（第十九輯），中國文史出版社，1989年。

政權，因此都受到了相當的禮遇。而相比之下，從來沒有離開過仁懷縣的王家則遭遇了不同的命運。

解放軍進入仁懷是 1949 年 11 月 27 日，當時仁懷縣政府在中樞鎮。到了第二年的 1 月，仁懷發生叛亂，上千名匪徒攻擊茅壩鎮、魯班鎮及茅台鎮的壇廠等鄉鎮。平叛先後持續了一年多，發生了大小 300 多場戰鬥。

1951 年 2 月，在剿匪的尾聲階段，榮和燒房的東家、王澤生的兒子王秉乾因擔任過茅台鎮的偽鎮長，以「通匪罪」被槍決於銀灘壩。

華、賴、王三姓在解放初期的不同際遇，也造成了三家燒房合併的時候，出現了估值不同的情況。

「開國國宴」用的誰家酒

中華人民共和國的開國國宴用的是什麼白酒？這是白酒界爭論了很多年的話題。主角其實就兩個，汾酒和茅台酒。我去這兩家企業調研，總是繞不開這件事情，而且雙方各有各的證據。

先說在汾陽看到的資料。

汾陽是 1948 年 7 月解放的，當月，在義泉泳和德厚成兩家酒廠的基礎上組建了國營山西杏花村汾酒廠。到 9 月中旬，酒廠恢復了生產。

1949 年 6 月，開國大典籌委會副主任、北京市委書記彭真批示：「要將國內外享有盛譽之汾酒運到北京，擺在第一屆政治協商會議的宴會上。」酒廠分四批次，把 500 餘斤汾酒運抵北京。

其後的 7 月 8 日，政務院機關事務管理局局長余心清將一份《關

於接待工作今後的改進辦法》呈送周恩來總理，其中第四條關於用酒部分的建議是：「酒用國產葡萄酒、紹興酒、啤酒、煙台張裕公司制的白蘭地，北京大喜公司制的香檳酒，如需用烈性酒，則用汾酒。」總理在這一條下面批示：「汽水亦需用國產，酒不要多。」[2] 在文件的首頁，他又用幾行大字強調：「一切招待必須是國貨，必須節約樸素，切忌鋪張華麗，有失革命精神和艱苦奮鬥的作風。」[3]

茅台方面，則拿不出北京發來的電報或批文，因為開國大典舉辦的時候，貴陽還沒有解放。不過通過一些當事人的回憶可以確認，茅台酒是出現在了北京開國大典期間的酒席上的。

寬泛而言，能夠被算作「開國國宴」的場合，其實有三次。

其一，1949年9月30日晚上的中國人民政治協商會議第一屆全體會議的閉幕晚宴。

在那次會議上，通過了定都北平（北平改名為北京）、《義勇軍進行曲》為國歌、五星紅旗為國旗等立國大策，同時選舉毛澤東為中央人民政府主席，誕生了第一屆中央人民政府委員的組成名單。當晚的國宴在北京飯店舉辦，毛澤東等662名代表全體與宴。

根據北京飯店老廚師的回憶，這次宴席以淮揚菜為主，用的酒是紹興酒、汾酒和竹葉青。不過，也有人回憶喝到了茅台酒，據秦含章的一次口述：

> 毛主席在北京召開第一次政治協商會議，招待會上用茅台酒來敬

---

[2] 以上均根據王文清，《汾酒源流》，山西經濟出版社，2017年。
[3] 《我們的周總理》編輯組，《我們的周總理》，中央文獻出版社，1990年。

酒,我的親哥哥就在場。[4]

其二,1949年10月1日開國大典前的國宴。

這場宴會在懷仁堂大禮堂舉辦,由毛澤東、周恩來等「五大書記」宴請觀禮的國際友人、民主人士和各界代表。

曾任毛澤東保健醫生的王鶴濱寫過回憶錄,記錄了當時的情形:

在懷仁堂大廳裡已經擺好了宴會的餐桌,一瓶一瓶的中國名酒,茅台白酒和通化紅葡萄酒也都已擺放在餐桌的一角,正等待著招待嘉賓……

為了保證中央五大書記的健康,要消除由於健康原因不能登上天安門的因素。在國宴開始時,站在懷仁堂東南角過道入大廳口處的汪東興(中央警衛處處長)和李福坤(副處長),把我叫到他們的面前。李福坤低聲地囑咐說:「鶴濱同志,不能讓中央領導同志因飲酒過多,而不能登上天安門,無論如何不能醉倒一個。你要想想辦法!」

我沒有時間再考慮,因為宴會就要開始……

辦法終於逼出來啦。事不宜遲,用茶水代替葡萄酒,用白開水代替白酒,給參加宴會的首長們喝,保證不會「醉」倒一個;於是,我將我的「發明專利」向汪東興、李福坤作了緊急報告,又經過首長楊尚昆的首肯後,就執行了……我們利用剛倒完的空酒瓶子,迅速地裝滿了幾瓶「特製」的「茅台」和「通化葡萄酒」並馬上和幾位衛士長

---

4 秦含章,《希望所有的人民都能感受到茅台酒的好處》,《世界之醉》2003—2004年合訂本。

當起「招待員」來，把我們的「特釀好酒」斟進了首長們的高腳杯中……[5]

王鶴濱的這段饒有趣味的「解密」，證明開國大典前的那場國宴，白酒用的是茅台酒，不過領袖們喝的，都被他臨時換成了白開水。

其三，1949年10月1日開國大典之後的國慶晚宴，舉辦地在北京飯店，毛澤東沒有參加，由周恩來主持招待。

一位負責保衛第一次政協會議和開國大典安全的將領記得，在北京舉行開國大典時，慶祝中華人民共和國成立的當天晚上，國宴大會上喝的就是茅台酒，他參加了當時的歡慶大會。

這些當事人的回憶都表明，開國大典期間，汾酒和茅台酒在不同的國宴場合出現，或者也可能在同一個場合出現。

建廠日

開國大典的禮炮，並沒有在貴州的上空響起。如果說，1915年的巴拿馬萬國博覽會獲獎讓茅台鎮的人莫名地興奮，那麼，成為開國國宴用酒這件事情，在很多年裡卻是一個祕密，而且似乎與茅台人並沒有什麼關係。

1950年的仁懷是混亂的。一方面，匪患未除，隨時處在戰鬥狀態；另一方面，則要根據上面的政策指示，展開種種的變革。政務院相繼

---

[5] 王鶴濱，《走近偉人：毛澤東的保健醫生兼祕書的難忘回憶》，長征出版社，2011年。

頒佈了《私營企業暫行條例》《全國稅政實施要則》等法規，對全國的私營企業進行所有制改造。其中，煙酒產業被列為國有獨家專營，全國的煙酒企業均以贖買或沒收的方式國營化，流通管道則實行從中央到地方的垂直專賣，由國家稅務總局管轄，業務歸屬輕工業部。

到1951年，隨著剿匪工作的結束，政府著手對茅台鎮上的幾家燒房進行國有化改造，先是在這一年的11月，以1.3億元的價格向華問渠購買了成義燒房。檔案資料顯示，燒房恢復生產是在10月18日，到第二年的1月，總共消耗高粱34.7萬斤，實際出酒10.23萬斤。

到1952年2月，政府以500萬元購買了王家的榮和燒房。按當時的幣值，1萬元相當於民國的1銀元。如果換算一下，對成義的收購定價約等於其一年的毛利，而對榮和的收購則幾乎等於沒收。

對規模最大的恒興酒廠的收購，則在1953年7月才完成，作價2.23億元。在此前的「三反」「五反」運動中，賴永初於1952年2月被判入獄10年。

重組完成的企業全稱為：貴州省專賣事業公司仁懷茅台酒廠。

所以，茅台酒廠的建廠時間，官方說法是1951年，而實際上真正完成三房合併是在1953年7月。

在管理體制上，茅台酒廠的業務歸屬於貴州省專賣事業公司，行業歸口為貴州省工業廳，行政管理則隸屬遵義市和仁懷縣政府。當這種新的治理結構形成後，茅台酒廠發生了兩個前所未見的變化。

其一，私人資本被徹底清退，華家、王家和賴家退出歷史舞台。

其二，市場銷售完全專賣化。這意味著三家燒房之前的流通銷售管道被全數清理，酒廠從此只作為一個生產單元存在。這一狀態要一直持續到1987年。

有一個事實需要特別提出來：1951 年啟動國有化計畫的時候，茅台酒的生產其實已處在停頓狀態。

早在 1948 年，西南諸省遭遇惡劣氣候打擊，糧食歉收，國民黨貴州省政府下令所有酒廠停產，包括已經發酵下窖的酒醅都要封存。1949 年年底，川貴滇相繼解放，糧食供應一度十分緊張，主政西南局的鄧小平提出「首先求得拿到糧食」，耗糧巨大、非必需的釀酒業不在鼓勵生產的範疇。再加上局勢動盪，匪患未絕，因此茅台鎮的燒房在那幾年的大多數時間裡，幾乎都處在停產狀態，酒匠回鄉種地。1952 年政府接收榮和燒房的時候，窖坑已經被用來存放鹽巴。

在檔案室裡，仍然保存著當年接收時各家燒房的物資清單──成義的資產：

土地 1800 平方尺，酒灶 2 個，酒窖 10 個，馬 5 匹，部分工具、桌椅板凳、木櫃等。

榮和的資產：廠房土地 1753 平方尺，酒灶 1 個，酒窖 6 個，騾子一匹。

恒興的資產：生產房和麴房 33 間，酒灶兩個，酒窖 17 個，馬 12 匹，猴子一隻。

三房合併之後，茅台酒廠建築總面積約 4000 平方米，共有酒窖 41 個，酒灶 5 個，甑子 5 口，石磨 11 盤，騾馬 35 匹，部分工具，以及鍋盆碗筷雜什物件。

在酒廠的檔案室資料裡，有一段對當時廠區環境和設備狀況的描述：

廠區內間插農田菜地，農民養的豬牛羊雞狗在廠裡東跑西竄。廠房是俗稱「千根木頭落地」的青瓦屋面大棚，工人的住房和廠辦公室基本上是土牆搭木頭結構，有的是用廢酒瓶堆砌成牆再糊上黃泥，部分房頂蓋的是杉樹皮和油毛氈。全廠沒有一間像樣的廁所（土坑上搭木板）……沒有生產供水系統。……六月炎熱天沒有通風設備。……生產用糧、煤等全靠工人們肩挑背馱，有時還要開荒種地。

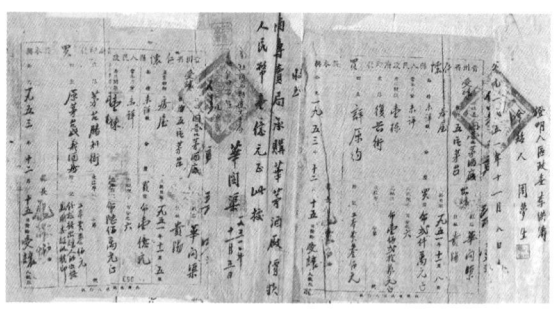

⊙（左）1951年茅台酒廠會議記錄及華茅、王茅資產情況表
　（右）1951年11月收購成義時的契約

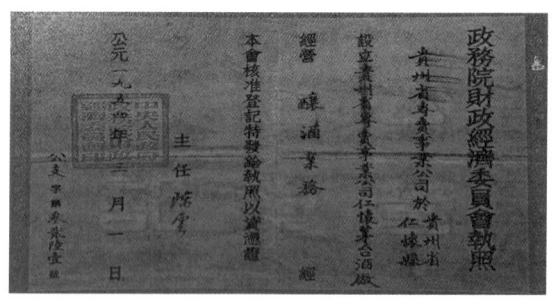

⊙（左）1952年接收恒興的請示報告
　（右）1954年茅台酒廠營業執照

這意味著，新誕生的酒廠是在一張皺巴巴的舊圖畫紙上重新建立起來的。

第一任廠長：「張排長」

從留存下來的照片看，張興忠（1921—2003）濃眉大眼，一看就是一個來自北方的漢子。他是山東東阿縣人，26歲參軍，參加過淮海戰役和渡江戰役，是一個神槍手。1950年7月，他隨部隊到仁懷平叛，然後就轉業留在了地方的縣鹽業分銷處工作。他在部隊的時候當到了排長（其實當時已是副營長），所以大家都習慣叫他「張排長」。

⊙ 1953年2月，張興忠宣佈接收恒興酒廠

張排長性情豪爽，據說酒量還特別大，在山東老家的時候，曾跟一個朋友一頓喝了11斤當地的土酒。他從來沒有管過企業，但這並不妨礙他成為一個盡職的管理者。

1953年茅台酒廠完成三房合併時，首批員工僅39人，有酒窖41個、酒甑5口、酒灶5個。

⊙ 茅台酒廠第一任廠長張興忠（左）與警衛員合影

成義燒房恢復釀酒的時間是1951年10月18日。在酒廠的檔案室裡，第一份原始資料是關於這一年的12月組織了一次評薪評級的會議。

張興忠到酒廠的時間是1951年12月，他來了之後的第一項工作就是接收榮和燒房。

在一份給上級的報告中，張興忠彙報說，工人「任意取拿原料和燃料，不經過一定的手續。發料、開支上更是亂。單據百分之七八十以上是自己寫的白條子。做賬也沒有領導簽字蓋章。豬吃糧食，保管員都不知道」。總之，「過著無組織的生活，糊糊塗塗地進行生產」。

在燒房時代，經理與工人是兩個階級，一個長衫布履，一個短襟草鞋，關係往往緊張且對立。酒廠雖然很賺錢，但是工人的收入卻非常低，三家燒房的烤酒工一個月的工資是1銀元，只夠買3斗米，而勞動強度卻很大。一個工人一天必須踩麴50斤，烤7甑酒，每甑的時間需1.5個小時，算下來，每天的勞動時間長達13～14個小時。

撰於1979年的《貴州茅台酒史》訪談了很多當年的老酒匠，它的描述應該是真實的：「住家遠的工人只有住廠裡的豬欄馬圈，和牲口睡在一起。在烤酒的時候，工人們要到深夜才能把活做完，往往回不了家，就幾個人擠在一個鬥筐裡。絕大多數的人，鋪的是草墊，蓋

⊙ 茅台酒廠首批員工名單。

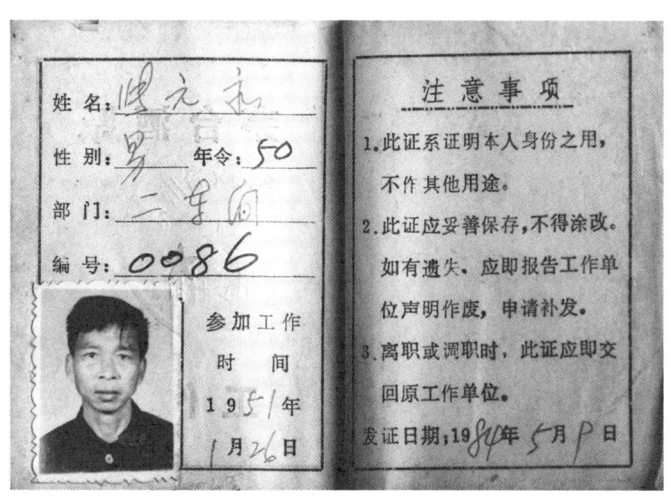

⊙（左）首批員工之一張元永的工作證，我寫書期間曾採訪過他。2023年10月，作為酒廠首批員工中最後的健在者，張元永因病去世。

⊙ 20世紀50年代，酒廠工人人工搬運麴塊、擇麴出倉。當時物質條件極差，工人勞作時打赤腳，穿舊軍裝或打著補丁的衣服，沒有統一的工作服。

的是秧被，很多工人一直就沒有穿過棉衣，穿的單衣也是補巴摞補巴，終年沒有鞋穿。」在1947年，成義和恆興都發生過「丟圍腰」[6]的罷工討薪事件。

張興忠當了廠長，就把共產黨軍隊的官兵平等作風帶到了酒廠。他跟工人穿一樣的衣服，同灶吃飯，有的時候還到窖房裡學習踩麴、烤酒。夏天高粱熟的時候，他跟大家一起去四鄉八寨背糧。他當過兵，力氣大，一次背的糧比其他人還多幾十斤。

6　圍腰是烤酒工的工作用衫，「丟圍腰」即罷工不幹的意思。

⊙ 20世紀50年代，酒廠成立之初的家屬住房。

　　平日裡，張興忠就組織工人讀報學習。老工人大多不識字，常常聽著聽著就打瞌睡了，他還是照樣大聲讀報，然後讓每個人發言談心得。20世紀50年代初的新生中國，洋溢著激昂的政治熱情，張興忠的工作作風讓暮氣沉沉的酒廠煥發出了前所未見的朝氣。他在一份報告中說：「每一次政治學習念完文件或《人民日報》的文章，年輕幹部渾身充滿了使命感。」

　　為了推動酒廠的變化，縣裡先後委派了十多名幹部進廠工作，還從社會上招募了一些年輕人，他們大多有高小文化水準。張興忠組建了團支部和黨支部，第一任團支部書記叫李興發（1930—2000），他是茅台鎮當地人，讀過兩年新式小學，1952年年初被招進酒廠當烤

⊙ 20世紀50年代，仁懷縣組織的馬車隊。馬車、牛車在當時茅台酒廠的運糧運煤中發揮了很大作用。

酒工。正是這個李興發，在1964年發現了茅台酒的三種典型體。

　　酒廠一年裡的頭等大事之一，便是征糧。燒房年代，每到出糧期，三家燒房就公開角力，往往打得頭破血流。王家是當地的大地主，用糧從來不愁，其他兩家就辛苦很多。賴永初接手恒興後擴大產能，成義就跟榮和聯起手來，抬高收購價，以至於很多年後賴永初口述回憶，還對這件事情耿耿於懷。

　　1952年，為了完成當年度的釀酒任務，酒廠需要高粱34萬斤、小麥42萬斤。張興忠初來乍到，一時不知道去哪里弄那麼多糧食。縣政府得知後，進行了全縣動員。在檔案室裡，我看到一份當年6月2日由縣長王卿臣簽發的「征糧令」：

各區倉庫將所存小麥全部運交茅台倉庫，統一借給茅台酒廠，各區公所、各倉庫立即組織力量調運，在 6 月 14 日前完成工作任務，不得拖延時間。

　　這種由政府統一徵調、運糧不開工資、糧款可以賒帳的事情，在從前是根本不可能發生的，它體現了地方政府的動員能力。到了年底，酒廠又缺裝酒的容器，省工業廳於是一次性運來了 120 個鐵桶。

　　1952 年，茅台酒廠有 54 名職工，開了 3 個酒窖，產酒 10.23 萬斤，耗高粱 34.76 萬斤，用煤 41.54 萬斤，總產值 19.7 萬元，企業盈利 0.8 萬元，上繳稅利 4 萬元。[7] 張排長交出了一份還算合格的成績單。

7　此處的金額已按後來的人民幣口徑換算。

07
「最特殊」的茅台酒

在日內瓦會議上幫助我們成功的有「兩台」。
—— 周恩來

茅台成了「國家名酒」

茅台酒在重陽前後下沙,到第二年1月中旬開始第一輪取酒,酒廠從此進入繁忙的烤酒季。

1952年年底,正當張興忠在燒房裡忙得不可開交的時候,在北京舉辦的第一屆全國評酒會上,茅台酒被評為「國家名酒」。不過頗令我意外的是,在檔案室裡,我居然沒有找到當年的獲獎電報或報紙簡報,甚至在當年的工廠年度報告中,張興忠也沒有提及此事。

時年25歲的辛海庭是那次評酒會的執行人之一,後世相關的史料,大多來自他晚年的一份口述回憶。

評酒會是在1952年秋末舉辦的,地點在供銷總社辦公的大佛寺。當時召開全國酒類專賣會議,各地專賣公司上報了103種酒,其中包括白酒19種、葡萄酒16種、白蘭地9種、配製酒28種、藥酒24種、雜酒7種。在此之前,傳統糧食釀製酒稱呼各異,有的叫「燒酒」,也有的叫「高粱酒」,正是在此次評酒會上第一次被統一稱為「白酒」。

這次評酒會並沒有設立評委制度，而是定了三個評選標準：一是傳統工藝，二是市場信譽，三是獨特風格。有創新的是，評酒會開始用定量的方式進行資料檢測分析。辛海庭把這些酒送到北京的一家實驗廠進行樣品化驗，遞交了一份《中國名酒分析報告》。

　　評酒會共評出了八種「國家名酒」，包括黃酒一種，葡萄酒三種和白酒四種，分別為紹興鑒湖加飯黃酒，煙台張裕玫瑰香紅葡萄酒、張裕金獎白蘭地、張裕味美思酒，山西汾酒、貴州茅台酒、四川瀘州大麯酒和陝西西鳳酒。

　　這次評酒會雖然匆忙且並不嚴謹，比如啤酒居然沒有被列入候選，但是卻成為中國酒業史上一個劃時代事件。首先是「八大名酒」中，白酒占據四席，顯然已替代黃酒成為市場的主流消費品類，其次是四款白酒分別來自山陝和川貴，白酒業的南北兩大流派隱約形成。

　　由於參與品評的都是來自各地專賣公司的人員，評選結果對市場的影響是巨大的。我看過一些當年零售管道的進貨清單，排名靠前的基本就是這四款白酒，而茅台因為價格最高，往往排在第一位。這對它的品牌和口碑傳播，產生了長期的認知影響。

　　與 1915 年的巴拿馬萬國博覽會獲獎不同，1952 年的這次評酒會帶有國家意義。對偏遠而貧窮的貴州而言，那年全省的工業產值只有 3 億元，在當時的全國工業系統中完全沒有存在感。茅台酒成為國家名酒，幾乎就成了貴州工業的名片，這也為日後企業的發展創造了良好的客觀條件。

⊙ 20世紀50年代到70年代，在關於中國名酒的早期廣告上，幾乎都會出現茅台酒。

⊙ 1973年，北京市糖業煙酒商品牌價表中茅台酒的進貨價為3.81～4.42元一瓶，高於西鳳酒的2.12元、汾酒的2.87元。

茅台傳奇
從匠心傳承到品牌創新、用6法12式打造全球最具價值白酒帝國

「部裡最關心兩個酒」

在梳理茅台酒廠早期歷史的時候，有兩個謎團一度讓我有點費解。

其一，它的價格相對來說比較高，為什麼會出現這樣的景象，到底哪一個群體是它的消費主力？

1955 年，茅台酒的出廠調撥價為 1.31 元一瓶，京津地區的專賣零售價為 2.25 元一瓶。當年度國家機關普通行政人員的月薪為 18～30 元，豬肉每斤售價 0.3 元。相比薪水和普通食品物價，茅台酒無疑是名副其實的高價商品。

其二，自 1952 年以來，茅台酒廠一直堅守「品質本位」，從來保持著高糧耗、高品質的釀造工藝，這又是如何做到的？

尤其是第二點，耐人尋味。

在整個計劃經濟年代，特別是「文化大革命」期間，幾乎所有的政府和企業事業單位都經歷了一輪又一輪的「打倒」、清算和批鬥，正常的管理體系遭到自毀性的破壞。很多工廠常年處在「停產鬧革命」的狀態，連生產製造都無法維持，品質管制更是無從談起。

而茅台酒廠，似乎是一個「孤島」般的存在。

你很難用企業經營者的主觀意志來解釋這一現象——事實上，他們也多次發生過動搖。所以，一定有一股「神祕」而難以挑戰的外部力量在支撐著茅台酒廠的「品質本位」戰略，那麼，它又是什麼呢？

一位長年從事經濟管理工作的老領導回憶，在國家名酒中，茅台酒的地位最為特殊，當時的輕工業部最關心兩個酒，一個是貴州的茅台，一個是山西的汾酒。新中國成立以後幾十年，汾酒歷來是白酒老

大，產量、利稅都是。茅台酒產量小，還連年虧損，但是，它又是中央要求一定要保障供應、保證品質的唯一一種酒。

這段話說出了計劃經濟時期茅台酒的特殊和尷尬：企業小，名氣大，價格高，品質好，連年虧損。這種狀態的出現，在正常的商業經濟中是難以想像的，它完全不符合企業與資本的正常邏輯，但是卻真的在很多年裡發生在茅台酒廠身上。

一般認為，茅台酒的特殊，是因為領導人或高級將領喜歡飲用，或者類似全國人大、全國政協開會需要用酒。不過在深入調研之後，我發現，這可能只是原因的一部分，更深層的因素則在於兩個「外」。一個是外貿，另一個是外交。

1 噸酒換 40 噸鋼材

新中國成立後，由於受到西方國家的經濟封鎖，共和國的外匯一直捉襟見肘，十分緊張。國庫裡的外匯儲備常年只有 1 億美元左右，今天看來，簡直難以想像。20 世紀 50 年代，外貿部把接收的所有駐外商業機構，包括銀行、保險公司等都改造成了綜合商社，從事出口商品的貿易。

但是，絕大多數外貿商品因為品質低下等問題，都沒有什麼競爭力，需要國家對企業進行補貼。人民幣兌美元的匯率長期固定在 2.42：1，這 2.42 就是平均的換匯成本；而實際上，外商用外幣購買中國商品，往往會高於這個匯率水準，其間的差價就需要國家對企業進行補貼。

在所有的出口貨物中，茅台酒是極少數換匯成本低於官方匯率的

商品,也就是不但不虧本,還有盈利。在20世紀50年代,茅台酒賣給外貿公司的結算價為每噸1萬元人民幣,外貿公司的出口價格為7000美元左右,每噸可獲利3000美元。正是在這個背景下,能換外匯而不必補貼的茅台酒,就成了中國外貿領域的「寵兒」。

從20世紀50年代到60年代,茅台酒每年的出口數量在50噸到100噸之間,占到全年產量的三分之一甚至一半。其後20年,這個數量一直在增加。曾經負責茅台酒專賣業務的相關人員回憶了相關資料:

按輕工業部核定的計畫,茅台酒廠每年出廠700噸[1],500噸銷國內市場,200噸供應外貿出口。其中,美國、日本和香港地區三大市場每年120噸,轉銷臺灣地區20噸,其他特供給外輪運輸等對外視窗。

在外匯極度短缺的年代,茅台酒每年為國家創下可觀的外匯收入。當年有一張宣傳畫,中間是

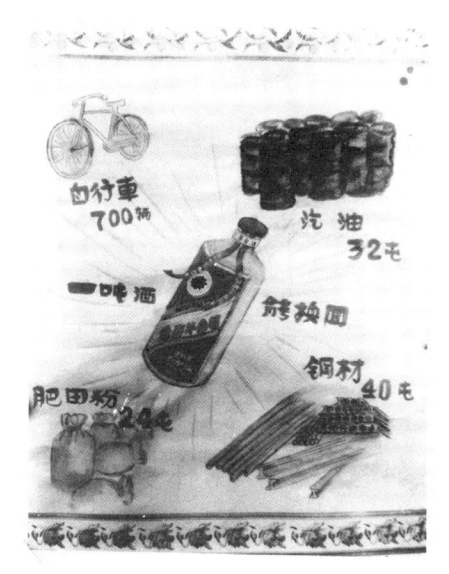

⊙ 20世紀50年代末期茅台酒可以換物資的宣傳畫。

---

1 這個資料是20世紀70年代的中間值。

一瓶茅台酒，四周是可以換回的緊俏物資，其中標明，出口 1 噸茅台酒，可以換回 40 噸鋼材、32 噸汽油、700 輛自行車或 24 噸肥田粉。

除了出口到境外，茅台酒在境內的特殊管道銷售也能為國家創造外匯。20 世紀 70 年代中期之後，隨著中美關係的解凍，中國開放了外國遊客和港澳人士的入境，為此在中心城市設立了特殊商店──友誼商店和華僑商店。境外人士在境內消費時，用外幣按官方牌價換購外匯券或僑匯券，可以在這兩個商店裡購買到最優質的國產商品。

在友誼商店、華僑商店裡，茅台酒是最受歡迎的名貴商品之一。我拿到了一份 1986 年廣州友誼商店的購物清單，一瓶茅台酒的零售價是 8 元人民幣，同時要加 120 張僑匯券。如果有人買了回去，倒到外面的黑市，一瓶的價格是 140 元人民幣，這相當於當年一名廣州中學老師兩個半月的工資。

由此可以發現，茅台酒的高價錨定，成為國家增加外匯收入的手段之一。

酒瓶創新與飛天商標

從 1953 年開始，中國糧油食品進出口總公司（以下簡稱「中糧」）壟斷經營茅台酒的出口業務，這一狀況一直持續到 20 世紀 90 年代末。茅台酒的品質管控和一些工藝改進，都與外貿部門的督促和協助有很大的關係。

每當茅台酒的品質出現下滑，尖叫聲最響、反應最為強烈的便是外貿部門的各個駐外公司。它們甚至在一些極細微的細節上也會提出改進要求。

1954 年，因生產房窖底滲水，影響茅台酒品質，上級主管部門進行了直接的干預。

1956 年 11 月，酒廠收到了來自中糧新加坡分公司的電函，建議說：「茅台酒外以木箱包裝，但瓶與瓶之間只隔些稻草，一經震盪，動輒有破損。希望研究改進。」

12 月，酒廠又收到來自中糧菲律賓棉蘭分公司的電函，這一回抱怨的是

⊙ 1959年，茅台酒包裝現場。

酒瓶品質：「酒罐採用陶土製品，但粗糙高低不平，有裂痕及凸點，可見並非上等陶瓷。另因破漏關係，罐外包封草紙多已玷污，即罐口木塞上面一層紙亦有玷污，飲用時令人感覺不夠整潔。」

一家地處偏遠山區、員工大多不識字、沒有任何機械設備，甚至連發電機都沒有的小酒廠，當時接到這些電函時的無奈心情是可以想像的。

不過幸運的是，正因為小酒廠承擔了創匯的大任務，來自管道的要求被上升到政治任務的高度，必須解決。1953 年，國家撥款 10 萬元，1954 年，國家又投資 8 萬元，用於酒廠的擴建。1954 年 4 月，茅台酒廠安裝了仁懷縣的第一部電話機。

1956年，酒廠籌建化驗室，有了第一名中專畢業的化驗員。同時，北京的部裡還專門發來通知，要求延長茅台酒酒齡，必須儲存三年後才准許勾兌出廠。這一酒齡儲存制度被一直堅持了下來。

　　1957年，貴州省工業廳從景德鎮請來了兩位八級工陶瓷師傅，研究開發石粉成型的新工藝，生產出了第一批乳白色的陶瓷酒瓶。1959年，仁懷縣把一家公私合營的陶瓷廠劃歸茅台酒廠。酒瓶的工藝改進項目一直進行了將近10年，到1966年，茅台酒包裝保留「賴茅」的造型，材質全部改為乳白色玻璃瓶。這一風格延續至今。

　　另外值得記錄的是商標的迭代。

　　1951年，成義燒房國有化之後，接管人員就放棄了「雙穗牌」，並進行了新的商標設計和註冊。最初的註冊商標為「貴州茅苔牌」，至於是哪個人、為什麼把「台」改成了「苔」，我在寫書時已找不到任何說明資料。

　　「茅苔牌」一直使用到1956年3月，才重新改回成「茅台牌」，它的圖案是工農攜手，左右兩邊有麥穗和波浪線。[2]

　　1953年，茅台酒開始出口，註冊商標為「金輪牌」，圖案由一顆紅五星和金色麥穗、齒輪組成。麥穗在外，醒目的紅五星居中，喻示工農聯盟的新中國執政理念。[3]

2　在檢索民國時期一些舊資料時，我也發現了「台」「苔」並用的情況，比如在一份20世紀40年代重慶報紙的廣告上，便出現了「貴州仁懷縣茅苔村榮和燒房謹啟」的字樣。

3　1966年，「金輪牌」改為「五星牌」，成為茅台酒內銷商品的主標，「文革」期間還一度改成「葵花牌」。

⊙ 1969年的木箱裝茅台酒，目前收藏界唯一一箱20世紀60年代的茅台酒，記憶體十餘瓶。此酒的原主人曾任貴州省軍區副司令，據其家人回憶，此酒是當年的春節福利，沒捨得喝，所以保存了下來。

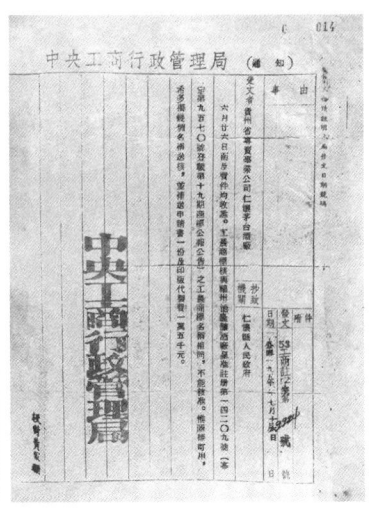

⊙（左）1956年成立的茅台酒廠化驗室
　（右）1951年茅台酒廠的商標註冊申請文件。

07
「最特殊」的茅台酒

在當時的國內，以麥穗、齒輪和紅五星構成商標圖案的比比皆是。然而，當茅台酒印著這一標貼在國際市場銷售時，卻意外地碰到了阻力。外貿人員發現它的意識形態色彩太過鮮明，有些管道不願或不敢擺出來售賣。

這個問題一直被反映了好幾年。到1958年在廣州舉辦中國進出口商品交易會（廣交會）期間，中糧在香港最大的代理商行五豐行一再地提出改進要求，茅台酒廠與中糧最終達成協議：改用新商標，由中糧設計和註冊，酒廠負責印刷製作。

很快，香港的設計師借鑒敦煌壁畫的靈感，設計出「飛天牌」商標。圖案為兩個飄飛雲天的仙女——她們分別是大乘佛教中的天歌神乾闥婆和天樂神緊那羅，其職能為散花傳香和奏樂起舞——合捧一盞金杯，寓意「飛天仙女臨河賜酒」。

這個商標在今天看來，也沒有多麼新奇出格，但是在革命氣氛濃烈的年代，飛天仙女是封建迷信的餘孽，嚴禁出現在任何出版物上，現在居然公開印在酒瓶上，顯然是一個例外。1971年，茅台酒廠「革委會」宣佈用「葵花牌」商標替代「飛天牌」，到1974年再度改回。

因此，在相當長的時間裡，內銷「五星茅台」，外銷「飛天茅台」。誰也沒有料到，這件皆大歡喜的事情，到20世紀90年代之後，因為商標權的歸屬問題，成為茅台酒廠與中糧矛盾激化的導火線之一。

從1989年開始，飛天茅台的背標由簡體字改為繁體字，直到2001年才重新用簡體字。這一細節也是鑒定茅台酒真假的暗記之一。

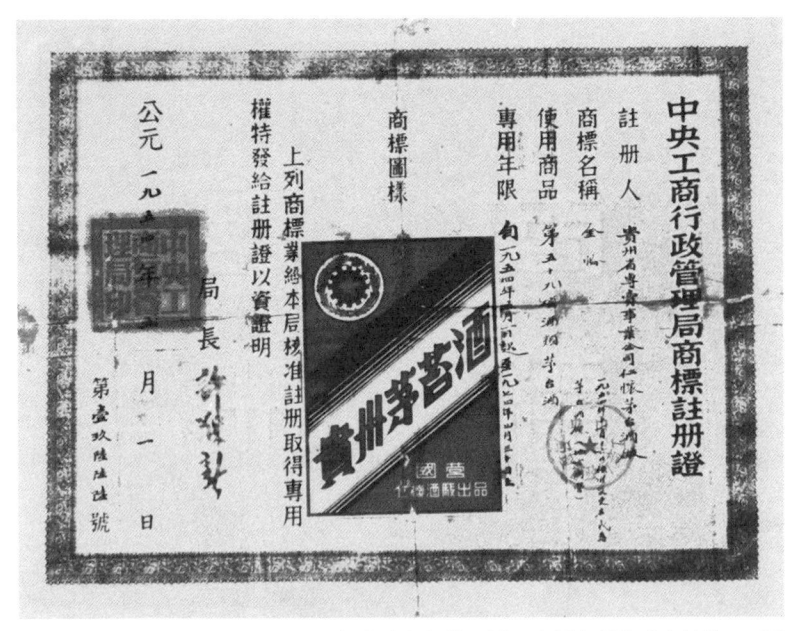

⊙ 1954年經中央工商行政管理局核准的商標註冊證，商標名稱為「金輪牌」，酒名為「貴州茅苔酒」，生產廠家為「國營仁懷酒廠」。

⊙（左）金輪牌（中）葵花牌（右）飛天牌

07
「最特殊」的茅台酒

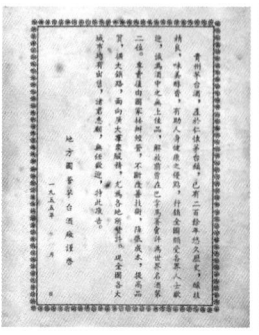

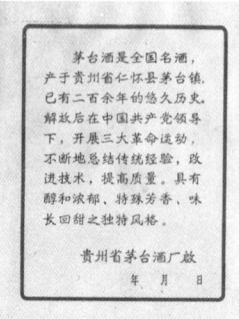

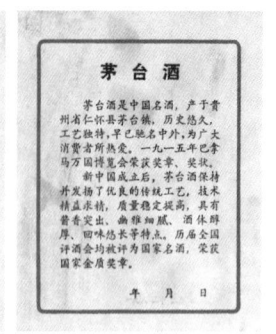

⊙（左）1955 年茅台酒背標，在巴拿馬賽會獲獎被寫在背標文字中。
⊙（中）1967－1982 年，內銷五星茅台的背標，背標文字體現出當時「開展三大革命運動」的時代背景。
⊙（右）1983－1986 年的內銷五星茅台背標，這個時期著重介紹了茅台酒醬香突出等產品特點。

⊙ 20 世紀 80 年代，用於出口的飛天茅台採用了中英文對照的背標文字。

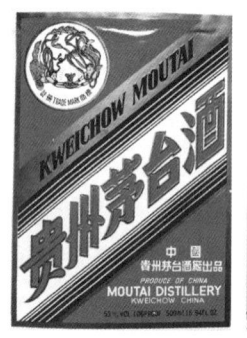

⊙ 20 世紀 90 年代初的茅台酒酒標及背標，背標上繁體書雲：「茅台酒為中國名酒，在國內外享有盛名。茅台酒產於中國貴州省仁懷縣茅台鎮，建廠於西元一七〇四年。……」從 1989 年開始，飛天茅台的背標由簡體字改為繁體字，直到 2001 年才重新用簡體字。這一細節也是鑒定茅台酒真假的暗記之一。

「MOUTAI」與中國外交

說完茅台酒的外貿價值，再來說說它與中國外交事業的關係。

茅台酒第一次在外交舞台上大放異彩，是在 1954 年 4 月至 7 月的日內瓦會議上。

此前的 1953 年 7 月，朝鮮停戰協定簽訂。當時蘇聯、中國、美國、英國、法國以及其他十多個相關國家，在日內瓦召開了為期三個月的會議，討論和平解決朝鮮問題。中國委派周恩來為團長，組成了一支最高級別的代表團。這是一次重要會議，新中國首次以五大國之一的地位和身份參加討論國際問題，與會的不少國家當時還沒有跟中國建立外交關係。

為了親和各國領袖，細心的周總理帶去了兩件中國禮物，一件是越劇電影《梁山伯與祝英台》（以下簡稱《梁祝》），另一件就是茅台酒。擔任中國代表團新聞辦公廳主任的熊向暉有一段很有趣的回憶。由於外國人對《梁祝》完全不瞭解，熊向暉組織人寫了十多頁的英文說明書。周總理看到後很不滿意，說：「這就是一個黨八股，誰會為看一部電影讀那麼長的說明書？你只要寫一行字，『請你欣賞一部彩色歌劇影片──中國的《羅密歐與茱麗葉》』。」熊向暉覺得沒把握，總理說：「照這麼辦，保你萬無一失，如果輸了，我輸一瓶茅台酒給你。」熊向暉依言行事，果然大受歡迎。最後是總理獎勵了熊向暉一瓶茅台酒。[4]

4　熊向暉，《我的情報與外交生涯》，中共黨史出版社，1999 年。

相比有點文化隔閡的《梁祝》，茅台酒就不需要寫任何「說明書」了，一杯烈酒入口，賓主熱情燃起，茅台很快成了日內瓦最受歡迎的中國產品。有一次，總理設宴款待英國首相希思和南斯拉夫總統鐵托，兩位政治家對茅台酒讚不絕口，到宴會結束的時候，竟不約而同地伸手去拿桌上那瓶已經快喝光了的酒。

　　會議期間，美國喜劇明星卓別林專程來日內瓦拜訪周總理，總理請他看《梁祝》、喝茅台。卓別林很喜歡《梁祝》，說電影很具有民族性，而民族性就是世界性。至於茅台酒，酒量驚人的卓別林說：「它以後會成為我的嗜好。」[5]

　　在為期三個月的漫長會議期間，周恩來捭闔縱橫，展現出令人驚歎的外交才華，西方媒體評論：「蘇聯人把外交變成科學，而中國人把外交變成藝術。」中國在這次會議上實現了全部的外交任務，歸國後，周總理在總結會上風趣地說：「在日內瓦會議上幫助我們成功的有『兩台』，一台是『茅台』酒，一台是戲劇《梁山伯與祝英台》。」[6]「兩台外交」成為當代中國外交史上的一段佳話。

　　自此以後，茅台酒成為外交部接待各國元首和使節的最高規格用酒。它如同一個極特殊的液體媒介，在不同的年代和時刻，成為國家禮節的一部分。在這個意義上，「醴」回到了千年前的「禮」（禮）的本義。

　　外交部禮賓司原司長魯培新在回憶文章中說：「1963年我進入禮賓司時，基本上招待外賓的宴會都用茅台酒，50年代，我想也應

5　季克良、郭坤亮，《周恩來與國酒茅台》，世界知識出版社，2005年。
6　呂茂廷，《茅酒滄桑曲》，貴州民族出版社，1994年。

該是這樣。」[7]

資深外交官、曾出任古巴和秘魯大使的陳久長,對茅台酒的外交作用說得更具體:

> 茅台在中國外交中的使用是很頻繁的,國際外交界比較高層的官員都知道茅台,「MOUTAI」成了大家共同的語言和詞彙,很多大使都會說這個詞,對他們來說是外來語,但也是一個世界語⋯⋯他們未必記得在中國使館吃過魚翅、海參等高檔食品,但唯獨茅台,他們一輩子都記憶猶新。從這個角度,茅台成了中國文化的象徵。喝過中國使館的茅台酒,就算有點私交了,最少有茅台酒作為話題。[8]

我有一個不知是否合理的推測:在所有的行政官吏中,外交官是最為矜持和需要保持理性的一類人,要讓他們彼此之間親密起來或打開心扉,是極其困難的事情。而烈性的茅台酒則似乎起到了奇妙的「卸妝」效果,50多度的酒精能夠讓人們在最短的時間裡衝破理性的控制,稍微放下世俗的矜持和防範。在國際關係十分複雜和微妙的日內瓦會議上,周總理用《梁祝》展現中國的柔和與優雅,用茅台酒卸去了領袖們的意識形態盔甲。

中國的外交部門用茅台酒作為交際的媒介,似乎正是繼承了總理這個極隱晦而聰明的策略。外交官們相聚一堂,幾杯茅台下肚後,幾乎人人都會不由自主地快樂起來,言語神態和舉止的外包裝很快被拋

---

[7] 湯銘新,《國酒茅台譽滿全球:老外交官話茅台》,南海出版社,2006年。
[8] 同上。

之雲外。茅台酒的香味又極其獨特，令人牽掛而難以忘卻，當喝過它的外交官再次相聚的時候，便又會重新回到愉悅的「茅台時間」。

極為嚴苛的品控體系

在人類商業歷史上，有一個奇特的現象：千百年來，在各個國家、種族之間，最受歡迎的流通性食品，往往不是生存必需的糧食，而是那些「可有可無」的成癮性商品——茶葉、香料、煙草、咖啡和酒，它們構成了跨國貿易中價值最大的那一部分。

根本的原因是，人類歸根到底是一種審美性生物，他們願意為快樂支付更多的成本，而這些成癮性食品帶有很強的地域性和獨特性，因此顯得更加珍稀。尤其重要的是，它們不帶任何意識形態色彩，能夠成為語言和文字之外的、形成親密關係的隱性媒介。

在新中國成立以後的很多年裡，茅台酒在外貿和外交兩個領域扮演了十分特殊的角色，正因如此，對它的高品質要求從來沒有被放棄過。這在某種程度上成為企業的內在基因。

有一篇回憶文章記錄，周恩來總理甚至親自參與了茅台酒的酒杯設計：

解放初期在北京盛茅台酒的杯子是普通酒杯，有點頭重腳輕。有一次，周總理接待外賓，服務員不小心把杯子碰翻了，小姑娘急得哭了，總理不但不批評，腦子裡還在構思一個新的杯子，既要穩又要美觀。據董總介紹，現在人民大會堂用的茅台酒杯是總理親自審定的，

杯子上的花紋是總理親自要求添上去的。[9]

　　文內的董總，是20世紀80年代北京西苑飯店的總經理，這段逸事由他親口告訴季克良。由此可見，當一國總理對酒杯的造型都如此重視，上行下效，茅台酒的品質一旦出問題，將是一個多麼嚴重的政治性事件。

　　在封建時期，皇族所用之物由各地特別供給，是為「貢品」。一些製造工藝複雜的奢侈品則由中央的內務部門直接設立官營機構，並委任監造官員管控品質。比如在明清兩朝，絲綢特供有蘇州、江甯（今南京）和杭州的織造局，陶瓷特供有景德鎮的禦器廠。這些產品在生產過程中，往往只求精巧，不惜工本，所制產品很少流入民間。因此，這些官營機構成為當時工藝水準和品質的最高代表。

　　儘管時代更迭，茅台酒的品控卻基本維持極度嚴苛的標準。這家地處貴州偏遠河谷的小廠，從新建的第一天起，就被套上了「質量本位」的「緊箍咒」，承擔起連它自己也不知分量有多重的「國家任務」。在未來的許多年裡，將有不少人為之付出代價，而更多的人則因此贏得榮光。

9　季克良，《季克良：我與茅台五十年》，貴州人民出版社，2017年。

08
在傳統中「掙扎」

不能是依葫蘆畫瓢，拿來就用，而要揣摩其理，

否則境遇略有變化，則技不能複用。

——陳寅恪

1954 年：師徒制的恢復

　　三房合併後，在長達一年多的時間裡，茅台酒廠在生產工藝上陷入了一番爭吵。三家各有自己的掌火師，他們在釀酒上各有祕法，難免暗自較量，造成了技藝上的混亂。1954 年，在鄭義興的推動下，酒廠恢復師徒制，嘗試工藝傳承的公開化和統一化。

　　鄭義興出生於 1895 年，從留存的照片看，他中等身材，面寬額高，嘴角留有兩縷白鬚。鄭家祖居四川古藺縣水口鎮，此鎮的東面正與茅台鎮隔赤水河相望。家族世代為酒師，最早有記錄的是鄭第良，傳到鄭義興這一輩，已是第五代。他 18 歲到茅台鎮的成義燒房當學徒，因勾酒天賦極高，很快出人頭地，為各家燒房爭相聘用，先後在成義、榮和和恒興以及遵義的坑集燒房擔任掌火師。

　　1953 年之後，鄭義興與師弟鄭銀安（當時是「華茅」的掌火師）、鄭永福等人相繼入職酒廠，已經 57 歲的鄭義興擔任主管生產技術的副廠長。他向張興忠提議，在全廠範圍內恢復之前的師徒制。

⊙ 20 世紀 60 年代，茅台酒廠品評會現場，中間站立者即鄭義興，右二為副廠長王紹彬。

　　茅台檔案室資料記載，師徒制是在 1954 年 3 月開始執行的。不過在檔案室裡留存著的「師徒合同」原件，最早一批是 1955 年 6 月簽下的。其中王紹彬與許明德簽訂的原文如下：

　　　　為了祖國的建設，我廠不斷拓建的需要，積極培養技術人才和建設人才，提高技術管理水準，經雙方同意特訂立師徒合同，條件於後：

（一）老師意見：有一切釀茅酒技術絕不保留，會全部向徒弟交代，多說多談。保證徒弟學懂學會學精學深，能單獨操作並愛護徒弟。

（二）徒弟保證尊敬老師，虛心向老師學習全部技術，學懂學會學精學深，能單獨操作後仍亦永遠尊敬老師。

（三）學習內容包括釀茅台整個操作過程，如發原料水、蒸水、下亮水、酒糟溫度、下麴、酒糟下窖、上甑、摘酒、踩麴、翻麴等，一一教學清楚。

（四）老師保證全部技術限 56 年 6 月 1 日教會徒弟，徒弟保證全部技術限 56 年 6 月 1 日學會。

(五) 此合同自立之日起全部教學會，能單獨親自掌握為有效，但尊敬老師一項要永遠執行。

（六）師徒保證尊敬全體老師，共團結全廠職工。

（七）證明是黨委、行政、工會。

立合同：

老師　王紹彬

徒弟　許明德

西元一九五五年六月一日

這份師徒合同中的老師王紹彬，是兩個月前剛剛新任命的烤酒副廠長，許明德後來也成為一名釀酒大師，擔任過副廠長的職務。有意思的是，就在同一批次的拜師合同中，許明德又以老師的身份與鄭炳南結成了師徒關係。現在已經沒有完整的資料顯示當初結了多少對師徒，不過像許明德這樣既當徒弟又當師傅的情況，應該不是孤例。這

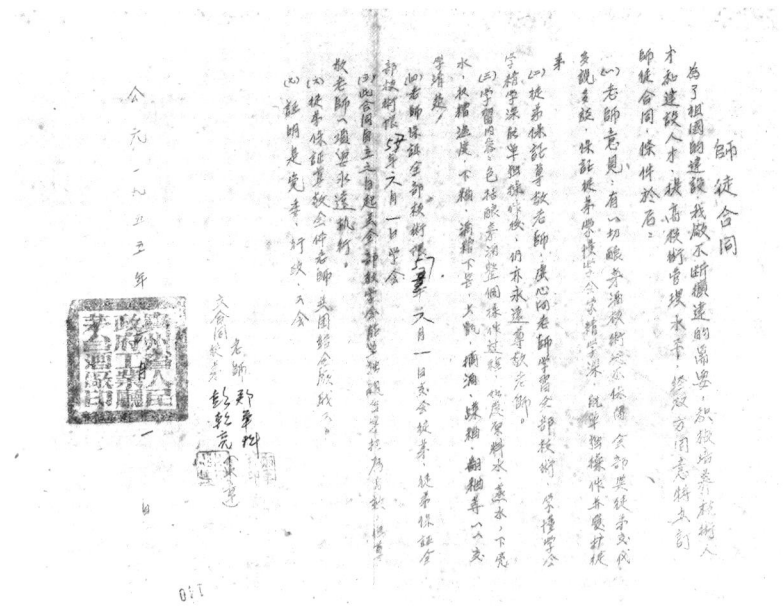

⊙ 1955年茅台酒廠恢復師徒制後的第一批「師徒合同」之一。

意味著，此次實施的師徒制帶有一定的梯級性和普及性。

到1958年，茅台酒廠已有20多名酒師開業授徒，一百多名青年工人拜師學藝。這一制度在20世紀60年代被迫中止，到1980年重新恢復。

目前，在茅台酒廠的技術職稱上，共有四位首席釀造師，分掌製麴、製酒、勾兌和品酒四大環節，其下有特級、一級、二級和三級職稱。日常工作中，首席仍有帶徒弟的責任。這一制度為茅台酒廠培養了一代又一代的優秀釀酒技術人才，成為酒質保障的第一道，也是最重要的防線。

⊙ 1960年，酒廠建立技工學校，設釀造班、製麴班、陶瓷班等，學制三年。圖為1963年茅台酒廠第一期技術訓練班學員畢業合影。

⊙ 師徒合同上的徒弟許明德（圖左）已成為經驗豐富的酒師，正在量質摘酒。

⊙ 20世紀70年代，酒廠組織「傳幫帶」活動，老酒師為工人講授茅台酒釀造知識。

尤其值得記錄一筆的是，在後來的很多年裡，茅台酒廠歷經大大小小的政治運動，甚至在「文革」中有短暫的軍管時期，廠級領導更迭六、七次，唯一沒有遭到過衝擊的是技術副廠長，酒師制度也一直延續至今。

「張排長」為什麼被撤職

張興忠是一個勤勉的廠長，但他還是被撤職了——先是在1956年6月被降為副廠長，第二年就被調走了。

有一份「1955年管理費用明細清單」，可以證明這位元軍人出

身的年輕廠長有多麼精打細算、勤儉節約,他簡直把工廠的行政管理成本壓縮到了最低的限度。清單所列的24項開支中,從電話費、筆墨費、書報費、印刷費、差旅費到燈火薪炭費,合計只有1103元。其中,最大的開支是電話費,為每月10元;全年工廠只買了4瓶墨水、6支筆和3盒大頭針。[1]

他跟廠裡工人的關係也很融洽,經常拿自己的工資買煙到窖房裡發給大家抽。有一次,他還親自為一個患病的老酒師洗腳。

1955年,酒廠完成生產任務208噸,是新中國成立前三家燒房之和的3.5倍,全廠職工75人,人均產酒近3噸,這個人均紀錄到2009年才被打破。

這麼一位「好廠長」被撤職的理由只有一個:他差點把茅台酒改造成了二鍋頭。

在過去的幾年裡,隨著釀酒量的連年提高,銷售不暢一直是酒廠最為苦惱的事情。1952年釀出10多萬斤酒,有一半左右沒有賣出去;到1953年4月,庫存上升到了13萬斤。工廠沒有直接賣酒的權力,只有不斷地懇請各地的專賣公司幫忙推銷。1954年最大的單次提貨是因為北京召開第一屆全國人民代表大會,運走了6000瓶。

茅台酒難賣的最大原因,當然是成本太高、價格太貴。1950年,全國國民人均收入僅為77元,而茅台酒的每瓶出廠價為1.27元,零售價格為2.5元左右,普通的民眾只能望酒興歎。當時的中國已經消滅了資產階級,也沒有外國遊客,而且全國人民正在勤儉建國,茅台

---

[1] 當時仍為舊幣,為了方便閱讀,我換算成了新人民幣的幣值,後同。

酒的存在似乎本身就是一個悖論。

張興忠面臨的挑戰，從一開始的提高生產積極性，突然變成了儘快消化庫存。否則，酒釀得越多，積壓就越大，資金完全轉不起來。

為了解決酒廠的困局，有關部門也算是盡力了。1953年，貴州省工業廳、專賣事業管理局、稅務局聯合發出了一份通知，要求解決茅台酒積壓13萬斤的問題。通知非常具體地給出了執行方案：酒的運費由煙酒專賣機構先行墊付，產品調出結帳後分期繳稅，廠方無資金購儲酒容器時由專賣處負責墊付。

這些辦法，其實都是在流通和儲存環節明酒廠降低支出，解決不了根本問題。張興忠心裡很明白，茅台酒貴是因為耗糧成本全國第一，一斤酒要用掉五六斤糧食。要真正把成本降下來，只有改變工藝一條路。

當時，全國正在掀起轟轟烈烈的增產節約運動，張興忠怎麼想都覺得茅台酒廠應該響應國家的號召，把成本降下來。於是他在廠內提出，學習二鍋頭工藝，降糧耗，多出酒。

張興忠的老家在山東聊城地區的東阿縣，那裡除了出著名的阿膠，傳統也出二鍋頭酒，當年武松打虎的景陽岡，就在旁邊的陽穀縣。他就從老家請來幾個老酒師幫忙降成本，幾個月下來，真的把耗糧降到了3斤多。

查閱原始檔案資料後，我整理了張興忠任職期間（1952—1956年）每斤酒的耗糧數字，分別是5.97斤、5.06斤、4.21斤、4.05斤、3.90斤，出現了非常明顯的逐年下降。

在多出酒上，張興忠也找到了辦法，那就是「沙子磨細點，一年四季都產酒」。

在茅台酒的傳統工藝中，用整粒高粱當原料叫「坤沙」，它的出酒難度大，出酒率極低；把高粱打碎叫「碎沙」，出酒週期短，出酒率高。前者的品質遠高於後者，當年的「華茅」「賴茅」等，之所以酒品好、價格高，都是因為用的是「坤沙」，而其他的高粱土酒則大多用碎沙。

使用這些新辦法之後，酒廠的糧耗降下來了，出酒率提高了，而且生產不受季節限制。張興忠特別興奮，把新釀出來的酒叫作「新竅門酒」。

但最大的問題也出現了，那就是，品質發生了同比例下滑。1956年，茅台酒的產品合格率只有 12.19%。

釀酒這個行當，就是一門時間的生意，今年犯下的錯誤，要到第二年乃至第三年、第四年才會顯露出來。1955 年以後，貴州專賣局就不斷接到各地專賣公司的反映函：「茅台酒品質極差，香味度數均不夠，以致影響銷路，前調散酒萬斤，因色味較差難以脫售。」一些地方要求減少訂貨量，四川甚至直接發來電報，要求「請停發貨」。

這樣的抱怨同時出現在外貿管道。有關部門在對東南亞市場的調研中發現：「自 1955 年 11 月份以後，陳酒出空，新酒出口，國外一再反映品質漸次，紛紛停止訂貨。」

顧保孜是一位軍旅女作家，她曾發表過一篇題為《紅色將帥與酒的故事》的文章，其中講述了一個細節：

20 世紀 50 年代，黨中央號召全黨開展增產節約運動。當時，貴州茅台酒廠廠長是個從部隊下地方的山東人。他想，山東二鍋頭勁大，耗糧少，不像茅台酒五斤多糧還烤不出一斤酒來，存放時間又長。

⊙ 1958年,《大公報》刊登了一則對茅台酒廠的「通告批評」,認為酒廠在現代化建設中的浪費是「一個教訓」。與之形成鮮明對比的,是這則「批評」下麵對永川酒廠勤儉辦企業的表揚。通過兩篇報導,可以感受到20世紀50年代增產節約的熱潮。

於是,他把增產節約的主意打在茅台酒的傳統工藝上。這事讓朱德知道了。……他撥通了貴州省委書記兼省長周林的電話:「我覺得茅台酒質量下降了,包裝也土裡土氣,外國人看了不順眼。」

周林回答:「我們正在研究改進,不過現在開展增產節約運動,茅台酒耗糧特別高……」

朱德說:「你們不要片面強調增產節約。節約一度電、一噸煤、一噸水也是增產節約嘛,不要在茅台酒的傳統工藝上打主意。一定要按傳統工藝,一定要保證茅台酒的品質,不能損害茅台酒的聲譽。」[2]

顧保孜是朱德女兒朱敏所創作的《我的父親朱德》的執筆者,這段史料應可採信。

2　顧保孜,《紅色將帥與酒的故事》,《湘潮》,2005年第11期。

1956年3月，遵義地委專門發文，對茅台酒廠進行了嚴厲的申飭：「前接省委通知中央電示，茅台已正式列入世界四大名酒之一。因此縣委對保證茅台的品質問題，必須當政治任務來完成。主要的一環是加強對職工的政治思想教育，使其認識到茅台品質的好壞是國際影響問題，故必須充分發動職工開展勞動競賽，在現有的基礎上力爭進一步提高品質，為名副其實的名牌貨而努力。據反映，去年下半年茅台酒品質很差，影響很壞，今後決不允許此類似情況發生。」[3]

　　這個文件的直接後果便是酒廠領導班子的調整。

　　就這樣，「好廠長」張興忠成了茅台酒廠歷史上第一個因品質問題被撤職的人。接替張興忠的是仁懷縣稅務局局長余吉保。到1958年，余吉保上調到遵義去管酒精廠，28歲的縣供銷社主任鄭光先被派到了酒廠。

不在主流的趨勢中

　　寫這本書的時候，張興忠已經去世，我無法知道他當年內心的真實感受。

　　一個很難回避的事實是，從20世紀50年代到90年代的漫長時期裡，降低糧耗、降低酒精度、探索新式釀酒法，一直是中國白酒業的主流趨勢。無論是汾酒還是茅台酒，都是用傳統的固態發酵法釀酒。它們受到糧耗、節氣等諸多因素的限制，而且成本居高不下。所

3　胡騰，《茅台為什麼這麼牛》，貴州人民出版社，2011年。

以，在物資短缺的年代，找到更廉價的釀酒原料，以及使用酒精勾兌生產白酒，是白酒業的兩大變革方向。

1954年，周恒剛在山東省黃台酒精廠嘗試添加酒精糟液來製造麩麴，起到了節約製麴原料的效果。1955年，地方工業部組織10多位元專家，由周恒剛帶隊進行著名的「煙台試點」，總結出一套「薯乾原料、綠麴酵母、合理配料、低溫入窖、定溫蒸燒」的「白酒工作大法」。這一試點成果迅速在華北地區得到了推廣。

幾乎就在同時，四川和上海的另外一些專家將玉米和薯類蒸餾出高純度酒精，然後採用「三精一水」的釀製方法，即用酒精、香精、糖精加水稀釋配成白酒。相對于傳統的「固態法白酒」，它被定名為「液態法白酒」。

1955年11月，地方工業部主持召開全國第一屆釀酒會議，全力推廣「煙台試點」經驗，提出「全國節約糧食12萬噸，保證第一個五年計畫順利完成」的口號，並明確指出，未來五年的工作目標是「逐漸利用薯類、果品等代替稻、麥、雜糧釀酒，在保證品質的前提下提高出酒率，節約糧食」，「加快酒精兌製白酒的研究試驗，以便將來推廣人工合成酒」。

這些政策導向，給傳統白酒工藝帶來挑戰，與會的國家名酒工廠的代表們惴惴不安。在相關領導的建議下，會議還是在決議通報中注明了國家名酒應恢復與維持原來原料、用量及時間，方法不變，以保證品質，名酒要有一定的陳貯期。

辛海庭是這次會議的參加者。2006年，他在接受採訪時回憶說，這幾條指示，都是針對茅台酒的。

儘管領導的建議被寫進了通報，然而，它顯然並不構成會議的主

流精神。有一個事實頗能證明：這次釀酒會議也進行了名酒的評選。部裡組織了一個由23人組成的評酒委員會，採用祕密投票制，對36款白酒進行打分評選。結果，得分排名第一的是江蘇的雙溝大麴，第二名是遼陽一家酒廠的高粱糠燒酒，第三名是威海的一款甘薯幹白酒，汾酒排在第四，西鳳酒排在第六，茅台酒和瀘州大麴則排在第十和第十五。三年前的四大「國家名酒」齊齊跌出前三。

政策制定者的導向意圖其實已經十分明顯了。這次全國性評酒因為排名實在詭異，在後來的酒史中很少被人提及。

張興忠去北京參加了這次釀酒會議，並隨團前往煙台學習。檔案室裡保存著一本他當年的筆記簿，上面密密麻麻地寫滿了會議精神和學習心得。

在煙台參觀的當天，他寫道：「根據這次地方工業部召開的全國第一屆釀酒會議的精神，以及煙台介紹的經驗和我們親眼看到的部分，認為煙台白酒製造經驗是一個先進的經驗，是一個成功的經驗，也是有科學技術根據的一個經驗。這不能有任何懷疑。」回到茅台後，他大搞技術變革，發明「新竅門酒」，便是此次學習後的實踐。

傳統的「然」與「所以然」

研究一家企業的發展史，始終離不開時代和產業的背景。

茅台酒廠的第一任廠長張興忠其實陷入了他那一代人無法跳出的兩難陷阱：如果要降低成本、提振效率，就必須改變傳統工藝，可是，這樣做的結局便是品質下滑；而如果固守傳統，則成本肯定下不來。

兩全其美，實則是一個「不可能完成的任務」。

在經歷了一段時間的彷徨和掙扎後，茅台酒廠陷入了長達16年的虧損期。如果沒有外貿和外交的特殊需求，這家企業要麼真的走上「二鍋頭之路」，要麼就悄無聲息地破產消失。

在這個意義上，茅台酒廠是一個極其幸運的異數，它居然數十年堅守傳統，並在此基礎上不斷地發現自我。而真正的拯救者，其實是經濟繁榮、消費升級的國運。張興忠等人過早地出局，而季克良熬到了那一天。

把茅台酒在傳統與變革之間的掙扎，置於中國百年現代化的宏大敘事之中，你會讀出強烈的典型意義。

事實上，在很多年裡——可以說自五四運動「打倒孔家店」之後，「傳統」便是一個貶義詞，它意味著固守過去、拒絕進步，意味著與火熱時代的背道而馳。

在語義表達中，「傳統」常常與「革命」相對立，前者代表停滯不前，後者代表大破大立。在漢語的本義中，「傳」就是傳承，「統」是道統，它們分別代表了一個事物的歷史沿革和價值觀。因此，「傳統」是過往的所有沉澱之總和，既有包袱和糟粕，也有堅守和精華。對它的揚棄，一直是中國近現代思想界的一個巨大爭論。關於是否需要保留傳統的討論，議題涉及範圍是如此廣泛，從中醫的科學性到漢字的出路，從旗袍、裙子之爭到北京城牆的存廢，因每個人對時代與理性的認知差異，迄今都未有統一的結論。

在白酒業，有一個很傳統的工序——踩麴，一直以來便有存廢的爭論。在所有的知名白酒中，茅台的麴塊最重，約有5000克。其他如瀘州老窖為3200多克，五糧液為2800多克，汾酒為1800多克。小麥磨碎拌料後，要經過一道踩麴的工藝，每一塊的踩麴時間約為1

分鐘。到今天,茅台酒廠在生產中仍然堅持採用女工踩麴的傳統工藝。

而早在20世紀60年代,機械化的壓麴成形機就已經誕生了。很多人認為,人工踩麴特別是指定由女性去踩麴,不但成本高、效率低,更是一件極其荒唐的事情。有人甚至做過一個統計:一個正常人一年平均要掉3公斤皮膚,平均每天要掉50～60根頭髮,分泌將近500毫升腳汗,這些物質都可能被踩進麴塊裡。

茅台酒廠曾在1967年自主研製出了一台製麴機,嘗試機器壓麴,但是到1986年,酒廠再次全面恢復人工踩麴。到我寫作這本書的時候,酒廠共有7個製麴車間,有3000多名踩麴工,其中80%為女工。首席釀造師(製麴)任金素是1988年進廠的,人稱「任媽媽」。她告訴我:「每一個麴塊都是有『生命』的,人工踩麴的優點是讓麴塊的不同部位承受不同的壓力,在發酵品質上就是與機器壓麴成形不同。」

在茅台酒的製麴工藝中,有兩個被稱為A級控制點的重點工序,分別是磨碎拌料的比例控制和對翻麴溫度的控制。它們的微妙掌控全憑製麴師的多年經驗,都無法用機器替代。任金素僅用肉眼觀察,就能精確判斷拌料比例,對麴醅厚度的掌握可以精確到毫米。她還有一門絕活,就是用手摸麴,對溫度的判斷誤差不會超過1攝氏度。

在關於傳統工藝的堅持上,有幾個必須被解答的課題。

第一,如何揚棄:什麼應該堅持,什麼應該放棄,什麼應該改良?

第二,什麼是「知其然」:所堅持的傳統工藝的規範化描述。

第三,什麼是「知其所以然」:所堅持的傳統工藝的底層邏輯和理論依據。

為了完整地解答這三個課題，從 1951 年算起，茅台人花了整整 50 年時間。

1957 年：第一套「茅台酒的生產概述」

張興忠在廠裡大張旗鼓地推廣二鍋頭經驗的時候，鄭義興固執地提出了自己的不同意見。他尤其反對放棄「坤沙」用「碎沙」，在他看來，這一定會導致酒質的下降。在一份呈給上級的報告中，鄭義興被認為是一個「思想較古，有守舊意識，對新事物認識較差」的老古董。

張興忠的激進試驗還是失敗了。1956 年 11 月，貴州省工業廳、省工業技術研究所派出一支「恢復名酒品質工作組」進廠，同時投資 130 萬元用於製酒、製麴、糧庫、酒庫和化驗室的擴建。在後來的兩年多裡，茅台酒廠完成了第一次擴建工程，在赤水河邊建起一排磚混結構的辦公樓，在橘子園建成第三車間，廠區面積增加了 10 倍。廠裡安裝了發電機，通上了電燈，還建了茅台鎮上的第一個水泥籃球場。

更重要的事情，當然是恢復茅台酒的傳統工藝。

釀酒這個行當，舌頭是「最後的上帝」，張興忠事件讓所有的人都意識到，也許回到祖訓是最安全的。鄭義興重新得到了任用。他做了一項破天荒的工作：以傳統釀酒技藝為基礎，制定出了第一套茅台酒生產的操作流程。這也讓他在很多年後仍然被人念念不忘。

在燒房時代，釀造工藝由酒師獨家掌握，向來祕不示人，若帶徒弟，也是口傳心授，不留文字。其結果自然是悟性決定酒質，工藝同

⊙ 20 世紀 50 年代，人工踩麴、拌麴、擇麴，以及蒸餾過程中人工攪拌降溫。雖然踩麴工人大部分為女性，但一直以來也有少量男性踩麴工。

中有異，代代相傳，偏差極大，很難有穩定而長期的品質保證。

鄭義興率先打破祖傳陳規，把傳統釀酒技藝形成文字，整理成冊。在這一手冊的基礎上，茅台酒廠制定出了一套完整而系統的工藝操作規程。它分為「茅台酒的生產概述」、「茅酒製麴操作法」、「包裝組操作規程」和「原料、半成品、成品之分析」四個部分。它們分

別完成於 1957 年的 5 月和 7 月。

「茅台酒的生產概述」開明宗義地寫道：

> 茅台酒為我國寶貴之民族遺產，具有其特殊之釀造方法，如發酵週期長、尾酒潑沙潑窖等操作，均為繼承前輩之實踐經驗之精華。由于歷史悠久，操作複雜，兼之又缺乏操作之文字記錄，所以關於茅台酒之製造向為口述傳授。今為加強生產，積極培植人才，以應發展之需要，特擬定「茅台酒的生產概述」以供請參考，惟因進一步摸索尚屬不夠，故此概述之中遺漏之處，是所難免，亟須上下一致繼續鑽研，不斷摸索與總結，逐步修正與補充，以為今後正式制定「茅台酒製造工藝操程」奠下基礎。

在創作這本傳記的時候，茅台酒廠對我開放了幾乎所有的文件，唯獨這份六十幾年前的資料，高層掂酌再三，給我的回覆是：「有資料，但是屬于內部文件，保密比較嚴，還是不能全部拍照外傳，可以下次來茅台的時候查看。」

2022 年 4 月，我被帶進一間資料室，終於看到了這份在中國白酒界十分著名，且從來深藏櫃中的手冊。保管員頗嚴肅地對我說：「您是這幾十年來第一個看到這份原始檔案的外來人。」

這個世上僅存一份的手冊為手刻蠟印，紙張脆弱，字跡大多已經斑駁。在 20 世紀 50 年代，偏遠山區的用紙都很簡陋，薄且粗糙，任意翻開一頁，似能感覺到書寫者們的認真神情和他們的呼吸聲。

「茅台酒的生產概述」涵蓋了茅台酒釀製的全部流程細節，對每一個步驟均進行了詳細的描述。它對過去幾年的工藝爭論進行了一次

⊙ 1957年的「茅台酒的生產概述」「茅酒製麴操作法」手稿。

正本清源式的規範，比如製麴，三房之一的「賴茅」有添加藥材的傳統，而在此次的「茅酒製麴操作法」中，明確規定只用小麥。

一些用料和流程參數，由於當時的技術局限，有的與後來有所出入，更多的則仍然處在模糊的經驗階段。

比如關於小麥的澱粉含量，手冊規定為 54%，而後來的茅台酒標準為 60%；再比如「第六步・堆積」，手冊的記載是：「蒸沙堆、堆積時間、溫度等由車間負責人根據氣候季節靈活掌握，如以鼻聞有糊香、微酒氣時開始發酵，可以下窖。」其中，對堆積的具體時長、溫度區間並沒有具體的指示，而這一切都將在未來的數十年裡，一一地提出並規範。

無論如何，這一套茅台酒的工藝操作規程，在白酒業乃至中國傳統工藝產業，都是一件具有主動歷史意識的現代性事件。它是對傳統的一次完整而系統性的繼承，同時也是一次告別，意味著一代人創新的開始。

時年 62 歲的鄭義興，作為手冊的主起草人而成為茅台酒歷史上的一個標誌性人物。在那年年底，他連升三級工資，還得到了一件皮大衣作為獎勵。

09
「搞它一萬噸」茅台酒

> 「鋼鐵是元帥,茅台是皇帝。」
> ——周林

杜甫草堂的對話

在周林的記憶中,他的整個童年歲月都飄著一股茅台的酒香。很多年後,他對女兒周芳芳說,「我是喝著釀造茅台酒的水,聞著茅台酒的香長大的。」

1912年,周林出生在仁懷縣的縣衙所在地——中樞鎮,這裡距離茅台鎮約10公里,他的姑媽家便在茅台鎮上場口。十幾歲的時候,他入讀遵義的貴州省立第三中學,同學裡就有「王茅」的子弟。中學畢業後,周林考入北京一所大學,成為一名進步青年。20世紀30年代,他先是在上海從事工會運動,後來加入新四軍,成為陳毅手下的軍法處處長。1949年新中國成立後,周林先後擔任徐州市委書記和上海市人民政府祕書長,1951年回到家鄉,出任貴州省委第一書記、貴州省省長。用老鄉們的話說,他是仁懷建縣幾百年來

⊙ 1960年,貴州省省長周林

出的最大的官。

儘管對茅台酒有家鄉親情的記憶，不過在那些年，周林最操心的是交通建設。貴州山多穀深，架橋開路是第一治理要義。在日常工作中，他並沒有太大的精力去關注這家小酒廠。不過，在1954年，朱德的那通電話讓周林意識到它的非同尋常，而到了1958年，一次談話又改變了一切。

那一年，中共中央在成都召開政治局擴大會議。會餘，毛澤東參觀杜甫草堂，周林隨行陪同，兩人有了一段對話。

毛澤東問周林：「茅台酒現在情況如何？用的是什麼水？」

周答：「生產還好，就是用的赤水河的水。」

毛笑著說：「你搞它一萬噸，要保證品質。」[1]

回到歷史的敘述中，一個有意思的問題就浮了出來：為什麼很少飲酒的毛澤東會提出要搞一萬噸茅台酒？

人們大多認為是主席關心民生消費，此外，也許還跟外貿換匯有很大關係。

1958年，正是中國力圖「超英趕美」的「大躍進」年代。如果能有一萬噸茅台酒，便可以換回40萬噸鋼材，幾乎是當年一個中型鋼鐵廠的產能。

在茅台酒廠工作了45年的一位老員工在1983年去北京看望周林，談及「一萬噸」，周林回憶說：「鋼鐵是元帥，茅台是皇帝，烤好茅台酒出口創匯可以換來鋼鐵和技術。」[2]

1　茅台酒廠，《茅台酒廠志》，科學出版社，1991年。
2　羅仕湘、姚輝，《品味茅台》，中國文史出版社，2015年。

在杜甫草堂談話的當晚,周林就把相關精神傳達給了遵義專署,一位副專員第二天就趕赴仁懷。當時,全國大煉鋼鐵,連農村的生產隊都在壘土窯子煉鋼。廠長鄭光先彙報說,酒廠也正準備大批抽人興建煉鐵爐。周林得知後,立即制止了這個計畫。他對酒廠下達指示:「現在全省抓鋼鐵生產,是鋼鐵元帥升帳,可對於你們茅台酒廠來說,茅台酒是『皇上』,必須保證茅台酒的生產。」

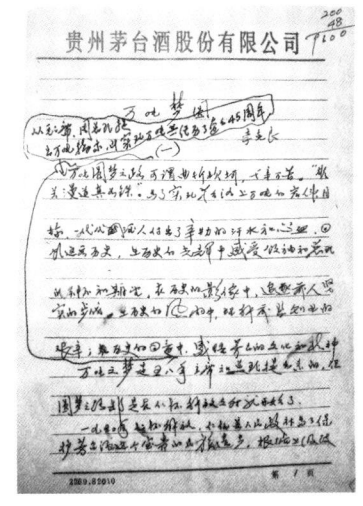

⊙ 2003 年,茅台酒年產量終於突破 1 萬噸時,時任茅台集團董事長季克良寫下回憶文章《萬噸夢圓》。

有一年,周林安排他的夫人、時任貴州省輕工業廳副廳長宗瑛專門蹲點茅台酒廠。據周芳芳回憶:「母親住進酒廠,優化了領導班子,創辦職工食堂,還帶領一班人清掃廁所、道路和場壩。」[3]

「全省保茅台」

「天上沒有玉皇,地上沒有龍王。我就是玉皇,我就是龍王。喝令三山五嶽開道,我來了!」這是 1958 年的一首安康民謠,散發著

---

3 芳草後,《打開塵封的記憶:憶我的父親周林》,南京大學出版社,2012 年。

那一年戰天鬥地的自信豪情。[4]《人民日報》於1958年2月2日發表社論「我們國家現在正面臨著全國大躍進新形勢，工業建設和工業生產要大躍進，農業生產要大躍進，文教、衛生事業也要大躍進。」

「大躍進」就要有「躍進」的指標，在這一年5月的中共八大二次會議後，國家提出總體指標是7年趕上英國，再加8年或者10年趕上美國。[5] 分解到各個領域，就是翻番、翻番、再翻番。

在接到「一萬噸」的指示後，茅台酒廠馬上修正了發展規劃，提出「在1959年擴建1200噸，1961年再擴建2000噸，1962年投產」。

在剛剛過去的1957年，酒廠釀酒283噸，在鄭義興等人的品質管控下，酒的品質是建廠以來最好的。到1958年，產量猛增到627噸，接下來的1959年為820噸，1960年居然逼近千噸，達到912噸。

如果把這組資料放在國家宏觀環境的大背景下來審視，就讀得出其中的殘酷和荒誕了：

在近乎瘋狂的「大躍進」之後，國民經濟迅速陷入力竭而衰的巨大困境，從1959年到1961年，後世稱為「三年困難時期」，國民經濟陡然跌入空前的蕭條低迷。

在那幾年，最重要的事情是緩解糧食危機。釀酒業成為首先被要求減產甚至停產的部門，遵義地區的董酒廠是1957年恢復生產的，到1959年就因為糧食緊缺而被下令停產了一年多。

然而，茅台酒廠成了僅有的例外。在酒廠的檔案室裡有一份

4　匡榮歸，《我來了》，《紅旗歌謠》，紅旗雜誌社，1959年。
5　劉洪森、田克勤，《毛澤東為什麼要提出趕超戰略》，《黨的文獻》，2009年第4期。

⊙ 三年困難時期,為保證茅台酒生產,省政府從各地區調集紅糧運往酒廠。上圖為 1959 年運糧途中的人力運輸隊。

⊙ 左圖為 1959 年茅台倉庫裝糧運糧的繁忙景象。

1959 年的工作報告,記錄了當時「全省保茅台」的決心:

　　省政府從全省各地調集糧食支援茅台酒生產。具體數字是:遵義 11 萬斤,畢節 29 萬斤,銅仁 10 萬斤,黔東南 12 萬斤,貴陽 7 萬斤,湄潭 1 萬斤,習水 10 萬斤,桐梓 10 萬斤,安順 1 萬斤,赤水 4 萬斤,務川 1 萬斤,息烽 1 萬斤,仁懷 20 萬斤,共計 117 萬斤。加上四川江津調來 70 萬斤,保證了茅台酒廠當年的生產原料需求。

王民三是當年的貴州省糧食廳廳長，他在後來的回憶錄裡說：「為保茅台，貴州做出了巨大犧牲。」他舉了一個例子，在此期間，茅台酒廠急需高粱，省裡就從四川協調調運 400 萬斤高粱，四川的條件是用 400 萬斤大豆換。這對貴州來說很不划算，因為大豆的價值和緊俏程度都比高粱高很多，並且這 400 萬斤大豆也是從貴州農民手裡再度徵購的議價糧。

「800 噸土酒事件」

任何商業行為，都有其內在的運作規律，對之漠視和違背，都必將付出慘重的代價。中國不例外，茅台亦不例外。

在這個時期，擔任酒廠廠長的是鄭光先。他出生於黔北農村，因為在土地改革時表現積極而得到提拔，當上了縣供銷社的主任。跟張興忠一樣，他是一個有高度組織紀律性的幹部，工作勤勉，為人忠厚。然而，在一個特殊的年代，他必須去完成自己的「使命」，這成了悲劇產生的全部理由。

1958 年，酒廠的擴建工程尚未完工，實際生產面積只有 1600 多平方米，設計生產能力為 200 噸，要完成三倍於產能的指標，鄭光先只有鼓勵工人加班加點。那一年，他一口氣從仁懷和旁邊的習水縣新招了 500 名職工，他們大多是不識字的農民。根據上級的要求，鄭光先提出「苦戰三天三夜，工人全部脫盲」。

為了「放衛星」，鄭光先喊出「突破千斤甑，闖進千噸關」的勞動口號，剛剛建立起來的操作規範又被徹底放棄。他發明了「邊丟糟、邊下沙」和「並窖下沙」等新工藝，還把夏季製麴的傳統改成常年製

麴。更要命的是，為了節約成本，鄭光先決定把貯酒罈改用塑膠紙包裝。

這一系列的提效變革，導致的結果自然便是酒的產量火箭般地增長，而品質則以同樣的速度下滑。1959 年，專賣公司和外貿管道對茅台酒的品質下降提出了強烈的意見，紛紛減少或取消訂貨。1960 年釀造的 912 噸茅台酒，後來進行開缸質檢，合格率只有 12%，導致 800 噸酒無法入庫，被當作土酒處理，釀成茅台酒歷史上恥辱性的「800 噸土酒事件」。

「全省保茅台」的農民血汗糧，最終沒有成為企業和國家的資產。

到 1960 年的秋季之後，酒廠的生產秩序就處在了渙散的狀態。因為極度缺糧，中央發出指示，要求各地群眾「低標準，瓜菜代」，大搞代用食品。各地科研人員日夜攻關，相繼「研製」出了「代食品」，如玉米根粉、小麥根粉、玉米稈麴粉、人造肉精、小球藻等。這些名詞看上去很「科學」，其實就是把原本當肥料或餵豬的玉米、小麥稈子碾碎了當糧食吃。

茅台酒廠是仁懷縣唯一有食品類實驗室的企業，就被要求大力生產「人造肉精」。這種食物就是把一種叫白地黴的微生物菌種，在含澱粉的培養液中繁殖成為菌膜，然後收集菌膜曬乾。茅台酒廠把全廠的酒糟水、食堂淘米水、煮菜水統統收集起來做培養液，第二車間的場地和設備全部用來生產「人造肉精」。

為了填飽肚子，鄭光先自作主張，生產了 11 萬多斤土酒自主銷售，增加了 2 萬餘元收入，用於補充職工的糧食和副食；同時還用物資協作的名義，用 1440 斤茅台酒和 2 萬斤次酒，換回了 600 多斤雞蛋、

100 多頭豬和毛線、皮鞋等物資。

1961 年 6 月，中共中央下發《關於精減職工工作若干問題的通知》。

到 1963 年 6 月，全國職工減少了 1887 萬人，城鎮人口減少了 2600 萬。[6]根據上級指示，茅台酒廠職工保留 629 人，下放農村 220 人。到 1964 年，酒廠職工人數進一步減少到 406 人。

在 1961 年年底的酒廠工作報告中，我們讀到了當時的混亂狀況。

——浪費大：進倉不過秤，甚至袋數也不數；車間傾料經常發生差錯，車間和供銷科扯皮；包裝成品一個人管，到處發現走私的茅台酒，用茅台酒換糧、換糖、換魚甚至換馬；51 個馬達燒壞 13 個，燒壞了無所謂。

——事故多：經常停電影響生產，主要原因是沒有檢修制度，去年（1960 年）發生大小事故 24 次，今年 6 次。全廠重傷 4 人，死亡 1 人，輕傷 24 人。許多事故長期不處理，長期不明確。

——職工思想混亂：對職工進行思想教育方式簡單，扣帽子多，耐心說服少。大會批評多，個別教育少，使職工不敢彙報問題。今年以來，已有 45 人逃跑，占職工總數的 6.3%，而且仍有人懷有想回家的思想。

在那一年，廠領導試圖用勞動獎勵重建工廠運作，設置了獎金制度，額度突破了工資 7% 的規定，結果很快被嚴厲叫停。

在後來的幾年裡，比釀酒更要緊的事情是吃飽肚子。當時酒廠的

---

6 中共中央黨史研究室第二研究部，《〈中國共產黨歷史〉第二卷注釋集》，中共黨史出版社，2012 年。

⊙ 20世紀60年代的茅台鎮俯拍照片,鎮廠難分。

⊙ 1960年茅台酒廠職工文化學習現場。

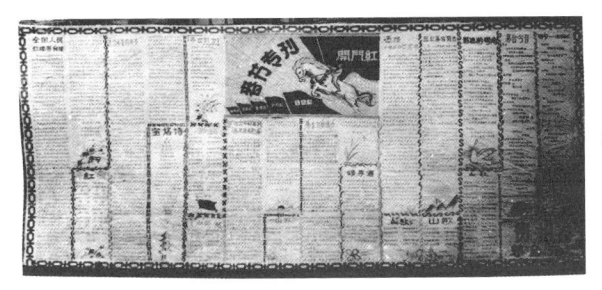

⊙ 1960年茅台酒廠春節牆報,提出「開門紅、日日紅、月月紅」的口號。

09
「搞它一萬噸」茅台酒

職工和家屬加在一起有 1000 多號人，人們就在廠區旁邊開闢了一個 200 多畝的農場，每年可以自給自足 14 萬斤蔬菜。各個車間的工人們還在廠區的空地上開荒種地、搭棚養豬。由於養豬的人太多，工廠專門發出了一則規定：只能公家委託家屬養豬，養「承包豬」，不准養「自留豬」。

廠區裡到處是沒有收尾的半截工程和各家各戶自己開墾的小菜園。正常的班組勞動競賽也停止了。動力車間由於設備維護不善，經常停電。有的班組一個工藝流程不按規定輪次烤完，把還可以生產的原料分了，背回家餵豬。1963 年，貴州省工業廳召開生產計畫會議，酒廠遭到嚴厲批評：產量計畫、產值計畫、利潤計畫，統統完不成。

鄭光先被免去廠長職務是在 1964 年 1 月，他被下放到車間當工人，這一幹就是十多年。酒廠的領導班子除了三個技術副廠長，其他成員都被處分，職務一抹到底。柴希修和劉同清被調來出任黨委書記

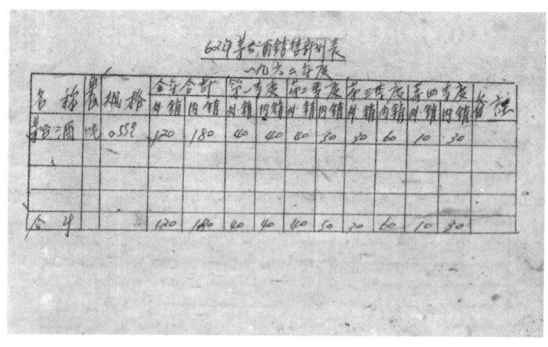

⊙（左）1962 年茅台內外銷售計畫表，外銷占全年計畫的 40%。
⊙（右）飛天茅台出口到日本時，日本經銷商為茅台酒製作的說明書，正面印有一隻手拿酒杯的大熊貓，意思是：茅台酒和熊貓一樣，都是中國的國寶。

① 20 世紀 60 年代出口到日本的飛天茅台。
② 20 世紀 60 年代出口到英國倫敦的飛天茅台。出口時保留酒瓶，但剪去了瓶口的飄帶，酒標也被刮了，貼上了商號永利威的商標。這是因為永利威從晚清開始從事酒類對外貿易，在國際市場的某些地區，永利威的品牌背書要高於酒類生產品牌。
③ 20 世紀 60 年代的飛天茅台，中美建交之後出口到美國。瓶身上的酒標被英文說明書覆蓋，官簽為美國稅簽。
④ 外包裝棉紙上印有年份的出口茅台。當時的國際慣例是酒瓶上不顯示年份，而是印在棉紙上，或整箱出口時顯示在外箱上。在二級市場，有棉紙的老酒要比沒有棉紙的貴一倍。

和廠長，跟張興忠和鄭光先相比，他們在資歷上都要高出不少。柴希修曾擔任仁懷縣委的宣傳部部長和縣委書記，後來被調到貴州省鋁業公司當組織部部長，這次重新回到仁懷工作。劉同清則是 1942 年參加工作的資深幹部，曾當過開陽縣的縣長。兩位縣團級的正職幹部同時被委派到茅台酒廠，可以想見上級對工廠現狀的擔憂。

就在這次任免前的三個月，北京舉辦第二屆全國評酒會，茅台酒在評比中名次靠後，引起了周總理的關注。

10
「茅台試點」

> 茅台酒中上千種的風味物質刺激味蕾，是有層次感的，
> 像綻放的花蕾一層一層地展開，不就像開花一樣嗎？
> ——周恒剛

1963 年：第二屆全國評酒會

據衛士長成元功的回憶，周恩來是在吃飯的時候，聽說茅台酒在評酒會上得了第五名。他覺得有點詫異，當即讓祕書過問此事：

> 評酒結果是在吃飯桌上給他彙報，我聽到的。總理就說，茅台酒是幾種酒兌出來的，要放多少年，才是真正的茅台，拿剛出廠的茅台去評怎麼行，要拿老茅台、真正的茅台去評比。他讓祕書顧明去問一下。[1]

這一「問」，牽出了中國白酒史上最重要的一次技術大拐點。

茅台酒得第五名，是在 1963 年 10 月舉辦的第二屆全國評酒會上。

---

1 胡騰，《茅台為什麼這麼牛》，貴州人民出版社，2011 年。

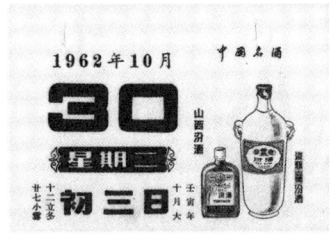

⊙ 1962年，茅台酒與汾酒作為「中國名酒」出現在當年的日曆廣告上。

與11年前的大佛寺評酒會相比，這一屆評酒會的規模和規範性顯然都提高了很多。主辦方換成了輕工業部食品工業局。當時全國已經有6000多家國營酒廠，部裡要求，各省自治區、直轄市提報的產品必須經省（自治區、直轄市）輕工業廳、商業廳共同簽封，並且都要報送產品小樣。經過層層選拔，最後入圍參選的共有196種酒，包括白酒75種、葡萄酒25種、果酒20種、黃酒24種、啤酒16種、配製酒36種。

評酒工作由因「煙台試點」而名聲大噪的周恒剛主持，共聘請全國評委36名，其中白酒組評委17名，俱是當時白酒業的扛鼎級專家。具體的評選辦法是採用色、香、味百分制打分，所有的酒品密碼編號，評委盲品並寫評語，經過初賽、複賽和決賽三輪淘汰選拔。經過半個月的評選，在白酒類，最終評出八種「國家名酒」。

後世所謂的「八大名酒」，起源就是這次評酒會。按當時的得分高低，它們分別是：五糧液、古井貢酒、瀘州老窖特麴、全興大麴、茅台酒、西鳳酒、汾酒、董酒。

在11年前的第一屆全國評酒會上，來自山西和陝西的汾酒、西鳳酒，與來自貴州和四川的茅台酒、瀘州老窖，各占兩席，平分秋色。而在這一次的「八大名酒」榜單上，川貴系一舉奪得五席，另外增加

了江淮系的古井貢酒，而山陝系仍為兩席。以往的南北均勢已然被打破。

由於是編碼盲品，這個結果在事先無人可以干預，因此算得上公平公正。然而，得分排序出來後，還是引起了人們極大的震撼，原因是茅台酒排在第五，而汾酒則落到了第七。來自黑龍江的高月明是白酒組的評委，根據他的回憶：

評選結果出來後，周總理要求輕工業部到他那裡做一個專門彙報。部裡也很緊張，在彙報前特意重新召集評酒的原班評委們又搞了一次複評，結果還與之前是一樣的。在聽完了彙報後，周總理說，看來茅台需要幫助。[2]

正是在周總理的直接干預下，輕工業部組織兩支專家隊伍分赴貴州和山西，展開「茅台試點」和「汾酒試點」。汾酒組由輕工業部發酵工業科學研究所所長秦含章領銜，而被派到茅台的，就是這次評酒會的評委組組長周恆剛。

周恆剛的「倒插筆」法

周恆剛是 1964 年 10 月到的茅台。輕工業部從遼寧、黑龍江、河北、天津、河南以及貴州省輕工業科學研究所等處抽調了 20 多名科

2　胡騰，《茅台為什麼這麼牛》，貴州人民出版社，2011 年。

研人員，加上茅台酒廠的人，組成了一個規模不小的試點工作組。按照茅台酒的生產週期，試點分兩期，分別是 1964 年 5 月到 1965 年 5 月，以及 1965 年 11 月到 1966 年 4 月。當時的周恒剛 46 歲，正是搞學術研究最好的年紀。

他是學應用化學的，注重定量和理化分析。在白酒業浸淫了二十多年之後，他已經意識到中國白酒的特殊性。在表徵上，白酒是一種酒精，由澱粉轉化為葡萄糖，進而轉化為乙醇。早在 20 世紀 50 年代，他和方心芳等人已經測定其中大的化學元素分類，分別建立了總酸、總酯、總醛的參數指標體系。「液態法白酒」的研發成功，就是沿著這條技術路徑跑出來的。

但是，對於像茅台酒這樣的傳統「固態法白酒」，這套指標體系很快碰到了瓶頸。茅台酒入口甘醇，它對人的嗅覺和味覺所產生的刺激作用來自極其複雜的呈香成分，而它們幾乎無法被完全地定量識別出來，因而構成了實踐經驗與科學原理之間的模糊地帶。這非常類似於中國的中藥和經脈，在經典的西方科學體系中，它們似是而非，神祕莫測。

在過去的幾年裡，人們對茅台酒的生產工藝已經有了一定的研究基礎。先是 1957 年，鄭義興整理出了第一套「茅台酒的生產概述」；1959 年 4 月，輕工業部牽頭貴州省輕工業科學研究所和中國科學院貴州分院化工所等單位組成工作組，對茅台酒進行了生產工藝總結，寫出《貴州茅台酒整理總結報告》（完成於 1960 年 8 月），並在此基礎上制定了成品管理制度和材料管理辦法。

在「茅台試點」中，周恒剛放棄了以往二十多年的科學路徑，轉而嘗試一種「倒插筆」的研究方法：懸置所有的理化分析框架，先進

入生產現場，從產品的實物表徵出發，而不是從發酵理論出發，由果推因，對比排除，反過來尋找出有利於產品特徵發現的操作路線。

這一「倒插筆」法，看上去非常原始，帶有田野調研的氣質，甚至最終也未必能得出完備的、可以證偽及量化複製的體系性結果，但是，它顯然符合中國白酒的特點，並意外地獲得了若干個重要的發現。

舉一個例子。在西方的食品工業領域，是沒有「節氣」這個概念的，所以，從教科書的角度，茅台酒「端午踩麴、重陽下沙」就很難進行定量的科學解釋。但是，在實際的釀造生產中，這一傳統工藝卻似乎是有效的。

試點組的「倒插筆」法，就是要倒過來論證它的成效原因。

再比如，堆積發酵是茅台酒獨有的工藝，試點組要去研究它的必要性和可能發生的變化。

又比如，酒廠用來釀酒的水，一部分來自赤水河，一部分來自山泉水和井水，那麼它們會不會使酒的品質產生差異呢？

「倒插筆」沒有將公式或原理凌駕于傳統工藝之上，而是回到工藝流程本身。周恒剛為試點工作擬定的目標是「做好總結，提出問題，培養幹部，打下基礎」。[3]

為此，周恒剛把參加試點的人員編排到各個班組，跟著工人們學習釀酒。在剛到茅台的前兩個月，他自己也不住幹部宿舍，而是搬到茅草屋裡跟幾個老酒師同吃同住同勞動。老酒師不停地講，周恒剛就

---

3 《貴州省茅台酒酒廠試點規劃報告》，1964 年 10 月，茅台酒廠檔案室。

不停地記,每天晚上回到屋子還要重新梳理。看著周恒剛整理的一堆堆資料,老酒師們開玩笑地說,周恒剛把他們幾輩人吃飯的祕訣全偷跑了。正是這種以溫情的姿態尊重傳統的做法,讓周恒剛在茅台取得了突破。

什麼是「天人合一」

周恒剛的「倒插筆」法在實踐中發揮奇效,並一直被後來的茅台酒師們傳承運用。此法與埃隆‧馬斯克推崇的「第一性原理」(First Principle Thinking)似為同理。

「第一性原理」是物理學的一個專業名詞,最早由希臘哲學家亞里士多德提出,指某些硬性規定或由此推演得出的結論。馬斯克在研發特斯拉汽車的時候,將之應用于技術創新與突破。面對所有的攻關難題,他都要求自己「回溯事物本質,重新思考該怎麼做」。

⊙ 1960年,茅台酒廠成立科研室(含化驗室),圖為20世紀70年代科研室外景。

正是這種從事實發生的現場——而不是從既有的定律或經驗出發的思維模式，讓周恒剛和馬斯克們找到了顛覆式創新的根本性路徑。

　　在一年多的時間裡，試點組的研究主攻兩個方向：微生物和香味。

　　《關於空氣中的微生物》是1965年12月由茅台試點辦公室編印的試點學習資料，蠟紙刻印，字跡工整，連同封面總計18頁。在這份資料中，周恒剛首次提出了一個觀點：白酒生產，尤其是採用傳統固態蒸餾工藝釀製白酒，利用的是環境中的微生物群，而不是單一微生物。

　　堆積發酵這一操作，就是網羅繁殖了微生物，彌補了大麴微生物品種和數量的不足。同時，生成了大量有益於酒體香味的前驅物質。

　　微生物群的數量多達上千種，這造成了定量分析的困難，同時也形成了複雜香型白酒的獨特風味。為此，周恒剛為茅台酒廠建立了第一份微生物檔案，當時分離出了70多種微生物菌株。

　　在《關於空氣中的微生物》中，有這麼一段陳述：

　　環境中的微生物群生長、繁衍及馴化，直接受環境影響。由於受海拔高度的影響，地勢低凹的茅台鎮，形成了一個相對封閉的自然生態圈：氣候，冬暖夏熱，風微雨少，加上數千年來經久不息的釀酒活動，山水、氣候和土壤的「圓融」，為釀酒微生物群的生長、繁衍及馴化，營造了一個無可複製的自然生態環境。正是這些如小精靈般充盈於空氣中的釀酒微生物群，無時無處不在地影響著釀酒活動，對茅台酒形成獨特的複合香型，產生著非常重要的影響。

　　這是第一次從茅台鎮地理生態及地質地貌的角度，闡述茅台酒與

地域環境的關係。

中國的兩個「國寶級」傳統產品——白酒和茶葉，都是天人合一的產物。所謂「人」，指的是專注此業的茶人和酒匠，他們「少而習焉，其心安焉，不見異物而遷焉」，數代傳承，「相語以事，相示以巧」，終而藝絕天下，成就了華夏的茶酒文化。

所謂「天」，則指的是茶酒生產的自然生態。不同的生態環境決定了不同茶酒的風格和品質，從而形成了極其複雜的多樣性。在這個意義上，頂級的好茶與好酒之間，其實很難有絕對的類比性，而只有個人喜好之異同。

最為微妙的是，自然生態又可分為「宏觀自然生態」和「微觀釀造生態」。前者包括水、原料、土壤和日照降雨等，後者則是環境中肉眼看不到的微生物等微量成分。

與西方的葡萄酒及烈酒釀造相比，中國白酒更注重和依賴對微生態的運用。西方釀酒是利用植物發芽實現先糖化、後發酵，或者直接利用糖分原料進行發酵的過程。而中國白酒——尤其是茅台酒的釀造——則有攤晾、堆積、翻造、踩麴等流程，利用自然環境中的微生物功能進行糖化和製酒，這是一個典型的邊糖化、邊發酵的過程。

在茅台試點中，周恒剛第一次把微生態納入白酒科研的要素範疇之中。這一思考路徑的開闢，啟發了季克良等人。到 2001 年，季克良明確提出「離開茅台鎮就生產不出茅台酒」的地域保護概念。

三種典型體的發現

在試點組的所有研究課題中，除了在微生物上的突破，另外一個

重大的發現便是：茅台酒是由三種典型體構成的。

典型體的發現人是李興發，他因此成為茅台酒歷史上的一個傳奇人物。

他是茅台鎮當地人，1952年「華茅」與「王茅」合併的時候就被招進了酒廠，因為表現積極，成了第一任團支部書記。1956年，26歲的他跟鄭義興和王紹彬一起被提拔為技術副廠長。王紹彬是榮和燒房的老酒匠，主管烤酒，李興發主抓勾兌。鄭義興搞師徒制，收的第一個徒弟便是李興發。

這個人年輕老成，不愛說話，為了勾酒，終生不吃一根辣椒，甚至在燒菜的時候也不放醬油。他是一個為釀酒而生的人。他的家就在廠區內，他常年泡在酒庫裡，把不同輪次和年份的酒進行勾兌和比較。

在所有的中國名酒中，茅台酒是唯一以酒勾酒、不加一滴水的。也正因此，茅台酒勾兌是歷代酒師的不傳之祕。在鄭義興所撰的「茅

⊙ 李興發在品酒。

台酒的生產概述」中，唯獨關於「勾兌」一項，無法用文字準確表述，只是籠統地說：「成品經相當時間陳釀之後，可進行勾酒，將各種輪次及各段時期的酒適當摻和，經品嘗認可後，再靜置，方裝瓶出廠。」

鄭義興教給李興發的祕訣是「看花」：把酒在碗裡晃動，根據酒液泡沫的大小，判斷酒精度和酒的品質。酒花根據形狀大小不同，分為「魚眼花」、「堆花」、「滿花」、「碎米花」等等。這種「看花」的本領，就全憑酒師的直覺和天賦了。

所以，勾兌工藝如果無法被定性和定量化，那麼，白酒就永遠處在經驗階段，是匠人型的手工業。

李興發有做筆記的習慣，他在多年的勾兌試驗中，記錄了大量的酒樣數據。在摸索中，他發現茅台酒的基酒可以按照感官指標分為三種，他把它們取名為：窖底香、醇甜香和醬香。

據老茅台人回憶，「醬香」這個詞是大家閒聊時提出來的，就是「有一股醬油的味道」，之前並沒有這個詞。當時參與討論的，有李興發和檢驗員聶傑明等人。

李興發按嗅味區分白酒呈香成分的辦法啟發了周恒剛，使之猛然意識到，「香味極有可能來源於功能微生物的代謝物」。

香味與代謝物這兩個反差極大的領域，就這樣被周恒剛捏到了一起。大喜之餘，周恒剛立即安排試點組的林寶林、汪華等人採用紙上層析法，對李興發提供的三種典型體基酒進行理化分析，很快又有了重大發現。

在對窖底香酒進行層析的時候，他們發現己酸乙酯的含量比較突出。

周恒剛隨即提出，取來瀘州老窖的樣酒進行比對測試，結果出

來，同樣是己酸乙酯含量較高，而且單體氣味相近。

周恒剛由此得出結論：瀘型酒，即後來的濃香型白酒的主體香就是己酸乙酯。

「三種典型體」理論的提出以及己酸乙酯的發現，如同一道閃電刺破漫漫長夜，讓白酒業向工業化大大地邁進了一步。

「汾酒試點」同步突破

就當周恒剛團隊在赤水河畔主攻微生物和香味時，在北方的杏花村，秦含章團隊也幾乎在進行同一主題的攻堅。

試點組圍繞汾酒的工藝、釀造化學分析等進行了 200 多個項目的研究，通過 3000 多次試驗，得出了 2 萬多個資料。在這一基礎上，他們進行了開創性的嘗試——首次剖析了汾酒的主要香氣成分和口味物質 60 餘種，最終確定汾酒的主體香為乙酸乙酯。

這一發現為汾酒釀造的品質定型和標準化——乃至十年後清香型白酒的提出——建立了終極性的理論基礎。

毫不誇張地說，從 1964 年秋天到 1965 年秋天，是中國白酒現代史上史詩般的一年，其意義可以類比於人類歷史上的文藝復興和地理大發現。

在秦含章和周恒剛兩位大師級人物的共識和默契之下，蒙在酒窖上空的那一層香鬱而神祕的薄霧終於被撥開，百年傳承卻一言難盡的傳統經驗，與實驗室分析的科學理性終於交融在了一起。東方式的陰陽感性，與西方的純粹理性，這兩套原本讓人以為很難對話的知識體系，在實際的基石上達成和解。

就這樣，白酒產業從「手摸、腳踢、眼觀、嘴嘗」的手工業時代掙脫而出，以全新的面目進入了大工業生產的新時期。

可惜的是，因為接下來爆發的「文化大革命」，白酒業如同所有的產業一樣，進入了黑暗的「失去的十年」，茅台試點和汾酒試點的成果並沒有迅速地轉化為生產力。一直到20世紀80年代末，隨著改革開放的開始及專賣制度的取消，白酒業才終於進入空前的高速成長期。

難忘的試點歲月

檔案室裡有一張試點小組合影，拍攝於1965年3月17日，共36人，周恒剛在前排中間，廠黨委書記柴希修在最右邊的位置。你會發現，參與試點的人都很年輕，其中還有8位女生。

在試點的一年多裡，周恒剛天天跟小組的青年們以及李興發等混在一起，鎮小夜靜，閑來就吃茶吹牛。

有一次，他問學生：「喝茅台酒是什麼感受？」

一個叫鐘國輝的年輕人說：「喝到嘴裡就像『開花』一樣。」大家頓時哄堂大笑。周恒剛說：「小鐘講的也沒有錯，茅台酒中上千種的風味物質刺激味蕾，是有層次感的，像綻放的花蕾一層一層地展開，不就像開花一樣嗎？」

還有一次，他出了一道題目考大家：「白酒蒸餾時，酒頭往往出現黑色的渣子，究竟是怎麼回事？」

他提到的這個現象，凡是下過燒房的人都見過，但是誰也沒有往深裡去探究過。周恒剛看大家一臉茫然，便一邊嗑著瓜子，一邊很得

⊙ 1965 年 3 月 17 日,第一期茅台試點人員合影。1 排右 4 為周恒剛,3 排右 7 為季克良。時任廠黨委書記柴希修坐 1 排右 1,他照相時喜歡靠邊坐,把中間的位置留給技術、業務崗的同事。

意地給出了自己的答案:「蒸餾結束時,冷卻器內殘留有酒尾,而酒尾酸度較高,腐蝕冷卻器材質——錫,形成醋酸錫或乳酸錫。酒頭中又含有硫化氫,兩者結合,產生硫化錫,故有黑色渣子出現。」

這些跟周恒剛在茅台鎮夜聊閒談的年輕人,日後大多成了中國釀酒界的顯赫人物。那個叫鐘國輝的青年後來擔任過天津津酒集團的總工程師,他當時跟周恒剛住同一個房間,那是廠區辦公大樓三樓圖書室旁面對赤水河的一個小房間。在 80 歲的時候,鐘國輝撰文回憶試點往事,記住的都是一些跟青春有關的細節:

記得當年過春節時,季克良、徐英(後來他倆結為百年之好)還

⊙ 年輕時的秦含章。　　⊙ 1966年3月7日，第二期茅台試點人員合影。

有貴州輕工所的丁祥慶（後來當了所長），給我們做了醪糟（甜酒釀）煮雞蛋，曹述舜工程師給他兒子做燒烤。

還有某日裡，在赤水河畔的科研所前，周恒剛大師坐在藤椅上注視著前方一片油菜花在微風中搖擺。貫穿廠區東西的小路上，山民們背著背簍在奔波。這些情景還歷歷在目。[4]

---

[4] 鐘國輝，《白酒情懷：論文、書信、回憶》，天津科學技術出版社，2017年。

11
「我們是如何勾酒的」

> 我們所要說的不是什麼經驗,而只是一個匯報。
> ——季克良

季克良來了

在 1965 年那張試點小組的合影裡,我一眼就找到了季克良,他在第三排的中間位置,一臉未脫的年少稚氣。

季克良是 1964 年 9 月來茅台酒廠報到的,他是酒廠歷史上的第一個大學生。一個月後,周恒剛就奉命來搞試點了。在訪談中,季克良告訴我,其實當他離開江蘇老家的時候,只知道自己是去貴州工作,而具體分配到哪裡,卻並不知道。

他是江蘇南通人,「民國第一企業家」張謇的老鄉,出生於 1939 年 4 月,本姓顧,是家中第五個孩子。三歲的時候,因家中貧窮不堪,父母把他過繼給膝下無子的姑姑,從此改姓季。1959 年,季克良考入無錫輕工業學院,學習食品發酵。這所學校與秦含章當年在私立江南大學創辦的農產品製造系(後改稱為食品工業系)淵源頗深。

1964 年,季克良大學畢業,被分到貴州工作。他回憶說:「我坐火車到了貴陽,就去省人事廳報到,他們給了我一個信封,打開來

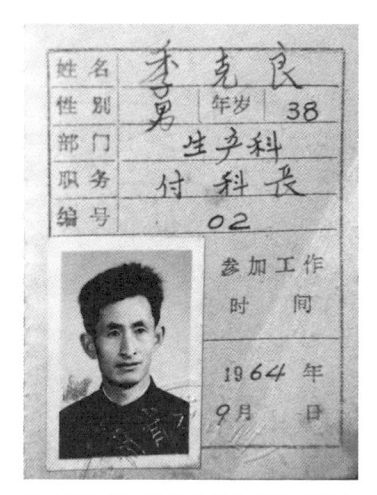

⊙ 1975年，季克良任生產科副科長時的工作證

一看，是一封去仁懷茅台酒廠的介紹信。辦事的人很逗，他說，你今天出發去，可以拿全月工資，晚一天就只能拿半個月的了，對於我這樣的窮孩子家，就趕快跑出去報到了。」

跟季克良一起去酒廠的還有他的同班同學、與之正在熱戀中的徐英，他們將相伴一生，終老茅台。

當時交通很不方便，我倆從貴陽到遵義，到了遵義後才知道，從遵義到茅台鎮要三天才有一趟班車。在這樣的情況下，我們在遵義住了兩個晚上。

第二天晚上出去吃飯，在飯館裡看到了茅台酒──三毛六分錢一杯。我們當時有一元多，於是買了一杯酒嘗了一嘗。這是我人生中第一杯茅台酒。

茅台酒廠給我的第一印象很差。一是路不平，我從茅台鎮的公共汽車站一路走過來，全是泥路和石子路，高低不平。二是酒廠沒有大門，連個大牌子都沒有。三是生產車間很陳舊，特別是酒庫，只是簡單的磚木結構，顯得很荒涼，廠區裡也沒什麼人。

最大的問題是生產房有80%是閒置的，生產效益很差。產銷大概都在200噸，虧損也比較嚴重。我記得1964年是虧損最多的一年，虧了80多萬。

⊙ 20世紀60年代酒庫內景。

儘管條件比較艱苦,但沒想到的是,我在這兒幹了足足50年——我來茅台的時候不到26歲,退休的時候是76歲。

這一段口述,摘錄自復旦大學管理學院與《第一財經》對季克良的一段視頻訪談,時間是2019年,他時年80歲,一頭銀髮,仍然思路敏捷如壯年。

我第一次見到季克良是2012年的冬天,他來杭州參加一次企業家的聚會。他舉杯穿梭于人群中,與每一位企業家歡言碰杯,儼然一個酒仙的模樣。那一次聚會成立了浙商茅台「西湖會」。2022年3月,為了創作這本傳記,我在茅台鎮再次見到季克良,說起那時的場景,他笑著說,那些年,為了推廣茅台酒,他一年要跑數十個類似的場合。

在《管理的實踐》一書中,德魯克在第一章「管理的本質」中開

⊙ 2022 年，在茅台酒廠採訪季克良。

明宗義地寫道：「在每個企業中，管理者都是賦予企業生命、注入活力的要素。如果沒有管理者的領導，『生產資源』始終只是資源，永遠不會轉化為產品。在競爭激烈的經濟體系中，企業能否成功，是否長存，完全要視管理者的素質與績效而定，因為管理者的素質與績效是企業唯一擁有的有效優勢。」

德魯克所提示的卓越管理者的「唯一性」，在茅台酒的歷史上得到了生動的驗證。它之所以成為傳奇，並不完全是因為「天賦異稟」，還有教科書級的企業和品牌養成史。在這一過程中，幾位主要管理者起到了為其「賦予生命、注入活力」的決定性作用。其中，季克良就是那個「關鍵先生」。

他看見了燒房裡的微光

季克良到工廠的第一份工作，便是加入周恒剛試點組，他被分配到了微生物小組。

在當年的小組裡，還有一位 20 歲出頭的小姑娘汪華，比季克良小 4 歲，卻早兩年入廠當了技術員。她是安徽廬江人，1962 年 2 月從貴州省輕工業學校食品專業畢業，被分配到茅台酒廠的實驗室當化驗員。在後來的幾十年裡，她與季克良一樣，是茅台酒技術標準最重要的奠定者之一。正是這群剛剛走出校園不久的年輕人，跟周恒剛一

⊙ 1981年，技術人員品評茅台酒現場。左起：季克良、李大祥、余吉申、鄭記恒、王紹彬、楊仁勉、李興發、許明德、汪華。

起，開始了一場奇妙的白酒探索之旅。

很多年後，季克良回憶起那段試點時光，也跟鐘國輝一樣，充滿了難舍的迷戀。2018 年，周恒剛誕辰 100 周年，白酒界舉辦了一場追思會。年近八旬的季克良趕赴參加，在周恒剛的雕像前恭恭敬敬地鞠了三個躬。他對圍觀的媒體記者說：「沒有周工就沒有季克良，就沒有茅台。1964 年我剛剛大學畢業參加工作，就在周工的領導下工作。茅台有今天，我有今天，是他培養了我，教育了我，幫助了我。」

這位從錦繡江南的南通跑到西南山區的青年，日常所苦惱的，除了物質條件的艱難，更多的是知識世界的蒼白和精神的苦悶。而周恒剛的到來，讓他感受到了知識探索的樂趣，從而有一股難以名狀的興奮。那個灰暗陰沉的廠房突然發出光來，那些看不見的微生物如同精靈一般地在空氣中飛翔，他仿佛捕捉到了酒神的翅膀。這種衝動和好奇，將伴隨他未來漫長而曲折的 50 年。

日後來看，周恒剛在 1964 年的到來，對於茅台和季克良的一生，都產生了極大的指引性。他確立了一個前行的座標，並把現代的研究方法乃至話語體系帶進了這個偏遠小鎮，它們構成了茅台的知識資產。

在茅台試點之前，茅台酒好喝，茅台鎮能釀出絕世好酒，是一種缺乏定量分析的「感覺」。到 1957 年，鄭義興整理出了「茅台酒的生產概述」，算是百年以來邁出的一大步。不過，老酒師們知其然，而不知其所以然，知識的本質仍然是陳舊和傳統的。

從感知到認知，再到知識系統，是一個必須經過體系化思考和定義的進化過程。周恒剛所提出的微生物和己酸乙酯等化學概念，構築了一套全新的知識模型。在 1964 年的那幾個月，它們被清晰地提了

出來。而在今後的幾十年裡，季克良等人將在這一基礎上繼續前行，從而超越前輩，成就現代意義上的白酒茅台。

在中國的商業學術界，一直存在著一個頗為值得研究的課題：茶葉、中藥和白酒，都屬於發源于華夏，並形成了獨特產品特質的傳統產業，在 20 世紀之初乃至中期，它們的處境、技藝水準和產業規模都非常近似，然而，為什麼只有白酒最終成長為市場規模超 5000 億元的產業，並誕生了數家萬億市值的公司？

透過茅台案例，我們似乎找到了答案：與茶葉、中藥相比，白酒最大的進步在於兩點：

其一，出現了以秦含章、周恒剛、方心芳等為代表的一代技術專家。他們進行了長達半個多世紀的中西融合，並最終「以中為魂，以西為骨」，建構了具有中國特色，同時採用科學原理進行定量分析的學理基礎。

其二，出現了以茅台、五糧液等為代表的現代型公司及一批優秀企業家。在他們的努力下，企業實現了規模化生產和品牌建設。

1965 年：一鳴驚人的勾酒論文

1965 年，全國第一屆名酒技術協作會在四川瀘州召開。茅台酒廠要遞交一篇論文，柴希修就把這個任務交給了李興發和季克良。李興發只有小學二年級學歷，經驗滿腹，文不逮意，寫作的任務自然就落到了大學生季克良的身上。他隨著老酒師們在酒庫調研了將近半年，寫成《我們是如何勾酒的》。

這篇論文在協作會上被宣讀後，引起了白酒業極大的轟動。這是

⊙ 季克良提供的當年的論文資料《我們是如何勾酒的》。

茅台酒廠第一次向世人公開闡明茅台酒體的醬香、醇甜香、窖底香三種香型,並回答了茅台為什麼要勾兌和怎樣勾兌的問題。

季克良寫這篇論文的時候,到酒廠剛滿一年,是行業裡菜鳥中的菜鳥,按燒房時代的規矩,連上甑烤酒的資格都還沒有。然而,他在論文中展現出的技術深度和自信,卻完全不會暴露作者的資歷。

「我們所要說的不是什麼經驗,而只是一個彙報,有很多不足之處,請同志們指教。」這是論文開篇的第一段話,也是季克良在中國

白酒界的第一次發聲，言語之間充滿了年輕人的篤定和謙遜。

季克良先是描述了百年以來勾酒的基本流程，這也是與會所有酒廠的現狀：

勾酒顧名思義就是將各種不同的酒，混合起來，相互取長補短，構成獨具一格的酒。可是今天由於理化指標尚未與感官指標統一起來，給勾酒造成了相當大的困難，全靠碰「運氣」，過去我廠就是這樣幹的。

以前我們勾酒，專門由一個勾酒工人勾兌，將各輪次的酒選來，任意地打一點到杯子裡混合起來，接著進行品嘗，他認為可以了就大概按比例地勾到一個能內裝三、四百斤的罎子裡邊進行勾兌。然後將餘下的酒再配再勾。勾好後雖經評酒委員會品嘗，可是往往是「權威」人說了算，因此評酒往往流於形式，有時即便評出來說這酒不好，可是這酒已勾兌出廠了，成了馬後炮。

顯然這樣勾酒是不合理的。

那麼，茅台酒廠是如何改變這種現狀的呢？季克良有條不紊地講述了剛剛建立起來的勾酒體系：

——發現並確立了茅台酒的三種典型體；

——組建勾酒小組，苦練品嘗基本功，建立出廠酒的標準；

——將酒按型入庫，分別標明班次、酒次、入庫時間、重量、酒型及簡單評語；

——先小型勾兌，再大型勾兌，酒的品質可以精確到萬分之五（1.5噸酒中如少加或多加了某種型的酒1.5斤，也能感到它的變化）。

在這篇論文中，茅台酒廠首次公開了茅台酒的三種典型體，並公佈了它們含醇、含酚及含酸化合物的指標。

論文在會議上引起的轟動，是可以想見的。

自白酒誕生以來，勾酒工藝便是各酒廠最為核心的機密，勾酒房從不對任何外人開放，更何況具體的手法、配方。它幾乎是一家酒廠的「生死牌」。而季克良的這篇論文居然打破了這一規矩。

三種典型體的提出，更是讓所有的酒業人士耳目一新，這是一套前所未見的知識體系。在此之前，酒的「香味」各有風格，最多就是一句神祕莫測的「妙不可言」。現在，茅台酒把「香味」重新定義成「香型」，由味到型，一切似乎便可以定量定性。

「酒的品質可以精確到萬分之五」，這也是一個讓人大吃一驚的資料。

在此之前，白酒如同茶葉，一批產品的好與不好，全部取決於年份、土壤和釀造（炒製）工匠的手藝，充滿了種種或然性。而茅台酒的做法表明，技術、流程和制度將可能成為新的核心競爭力。

「靠天吃飯、靠人定奪」的時代就這樣過去了，一場石破天驚的行業突變即將發生。

後來說到關於中國白酒業的歷史性論文或書籍，1965年的這篇《我們是如何勾酒的》都是無法繞過去的文獻。在1965年的秋天，很多人記住了季克良這個名字，這位26歲的年輕人就是以這種從天而降的姿態，出現在了中國白酒這個古老的行當裡。

背了三年酒麴的大學生

從能夠寫一篇好論文，到成為一名合格的酒師，再到成為一位卓越的管理者，季克良要走的路還很長很長。在真實的人間世界，很少發生武俠小說裡那般情節——一位少年在一個山洞發現一部武林祕笈，瞬間成為天下第一高手。

試點組走後，季克良被分到最基層的生產小組。那天我問他：「那時主要的工作是什麼？」他呆了一下，好像在回想當年的場景，然後突然笑了起來：「我背了三年的酒麴。」

年輕的時候，季克良的體重只有 108 斤，一個酒麴大包的重量約 150 斤，他經常背到半路就摔跤，引來工人們的哄笑。有一次，他在背大包的時候摔進了三米深的窖坑裡，腰受了傷，一時動彈不得，多虧師傅們把他背了出來。據說，看季克良摔跤，是廠裡大家取樂的一景。

更多的時間，他在燒房裡下沙和烤酒。比他大 9 歲的李興發特別喜歡這個跟他一樣愛琢磨的小老弟，就經常叫上他去酒庫，兩人一泡就是半天。幾年下來，他只要用鼻子一聞，就能區分出不同年份、不同輪次、不同酒精濃度、不同香型的茅台酒。這份功夫，絕沒有取巧的捷徑，90% 靠苦練，只有 10% 靠天賦。

與廠裡其他工人不同的是，季克良的屁股後袋裡總是卷著一個小本子，用來記錄隨時發生的資料。當時，與他一同到茅台酒廠的徐英被分到了實驗室，他抽空就去那裡，兩人一起做各種實驗。那些悶熱蟲咬的小鎮夜晚，是他們 60 年愛情故事的一部分。

1966 年 5 月，季克良又寫出了一篇題為《白酒的雜味》的論文。

「提高白酒品質，主要是『去雜增香』，除去雜味干擾，相對地就提高了香味，但對酒中的雜味成分至今尚不清楚。」基於這樣的難題，季克良進行了多次實驗，得出了幾個重點結論。

　　他發現新酒中含有硫化氫、硫醇、二乙基硫等多種揮發性硫化物，而貯藏一年之後的茅台陳酒「幾乎已檢不出揮發性硫化物」。而其他白酒，貯藏兩年後，仍可檢出硫化氫。這個結論隱約導向一個可能性：茅台酒在貯藏過程中，能夠除去更多的低沸點物質。因為雜質減少，酒液對人體的傷害就相應減少，俗話說的「喝茅台不上頭」，這是最根本的原因。

　　通過研究硫化氫在蒸餾中的變化，他發現，「流酒[1]溫度高時，有利於硫化氫等物質排出。酒中硫化氫含量僅有酒醅中的3%～4%，說明蒸餾排出量是很大的。從這一點看，流酒溫度不宜太低」。這一實驗結論，將導向他日後大膽提出的茅台酒「三高」原則——高溫製麴，高溫餾酒，高溫堆積發酵。

　　在論文中，他還提出了一項具體的工藝改造：「出人意料的是，酒中及酒尾硫化氫含量比酒頭大。流酒溫度高者排出量多。」因此，「為了更有效地排出低沸點雜質，在冷卻器流酒口上應安裝排醛管，使之有效排出雜味物質」。

　　在後來的很多年裡，季克良還將寫出數以百計的類似論文，它們的風格都很相似：從實際問題出發，通過實驗找到痛點，提出解決的方案。

---

[1] 此處的「流酒」即「餾酒」。

一瓶茅台酒清澈如水,原料也僅有高粱、小麥和水三種,然而,卻須經過30道工序、165個工藝處理,處處都有值得推敲和改良的環節,其中任何一點的變化,都可能形成新的工藝和品質突變。茅台酒的歷代酒師浸淫于此,功不唐捐,苦求寸進。

在1964—1965年的兩期試點中,關於堆積發酵應該是「嫩點好」還是「老點好」,有過激烈的爭論。最終,試點組在總結報告中得出了「嫩點好」的結論。1966年,季克良通過對各種工藝參數的反復研究,提出堆積發酵還是「老點好」的觀點。它被全廠酒師們認可,並納入了茅台酒的生產操作規程。

任何一個行業,越是深入細節處,便越是枯燥乏味,而每拓進一小步,都將有不足與外人道的艱辛。在那些白天背酒麴、品酒型,晚上蹲化驗室做試管實驗的無數日夜,這個來自江南的年輕人漸漸地把自己的生命融入了茅台酒廠的事業裡。

季克良告訴我,《白酒的雜味》這篇論文,是他與徐英在化驗室裡一起磨出來的。也是在那一年,兩人正式領證結婚了。他們到鎮上買了一塊被單,上面印著江南老家的荷花和錦鯉魚,然後就歡天喜地地住在了一起。

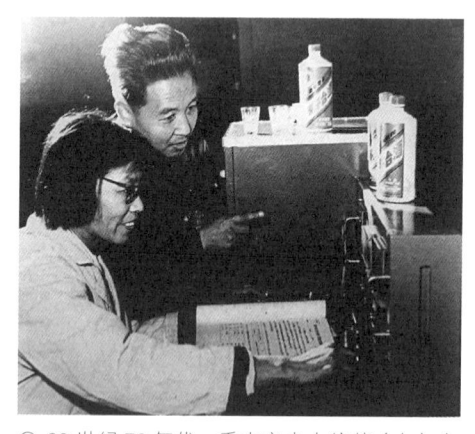

⊙ 20世紀70年代,季克良夫人徐英(左)在科研室內工作的場景。

12
艱難的秩序恢復

> 只有那些懂得如何激發組織內各個層級人員學習熱情
> 和學習能力的領導者，才能傲視群雄。
> ——彼得・聖吉，《第五項修煉》

1972年：尼克森訪華

盧寶坤是中糧貴州分公司的一位科長，專門對接與茅台酒廠的特供業務。在他的記憶中，1972年，是他一生中最為緊張和難忘的一年。

那一年，發生了兩件震驚世界的外交大事：2月21日，美國總統尼克森訪華；9月25日，日本首相田中角榮訪華。美日最高領導人在同一年先後來到中國，意味著中國外交路線的重大轉折和新的國際關係時代的到來。

春、秋兩次的國宴招待，用的都是茅台酒，茅台酒廠分別勾兌了五噸酒送到北京。當年，對接業務的是擔任質檢科長的汪華。她回憶說，給尼克森的酒中勾進了30年的陳年茅台，「那種老醇香，不可比擬」。當時的勾兌組組長叫王道遠，人稱「王連長」。

釀酒師傅們的用心，的確起到了微妙而令人快樂的效果。

王立是老資格的外交家，曾任中國駐芝加哥總領事，1972年，

他全程參與了接待尼克森的工作。在一篇回憶文章中,他記錄了2月21日晚歡迎國宴上的生動細節:

  國宴期間,周恩來向尼克森介紹說:「這就是馳名中外的茅台酒,酒精含量在50度以上。」尼克森笑著說:「聽說有人喝多了,一點火他自己爆炸了。」周恩來聽了開懷大笑。他當即叫人取來火柴,劃著後點燃了自己杯子的茅台酒,他一面點火,一面向尼克森說:「請看,它確實可以燃燒。」他還補充說,茅台酒雖度數大,但喝了不上頭。
  周恩來親自點燃茅台酒,頓時把整個現場的熱烈氣氛都點著了。
  尼克森接著問周恩來:「聽說總理的酒量很大?」總理回答說:「過去能喝。紅軍長征時,我曾一次喝過25杯。年齡大了,醫生限制我喝酒,不能超過兩杯。」尼克森顯然來中國前,做過關於茅台酒的「功課」,他說:「聽說紅軍長征時攻占了茅台鎮,把鎮裡的酒全喝光了?」周恩來說:「長征路上,茅台酒被我們看作包治百病的良藥,洗傷、鎮痛、解毒、治傷風感冒……當時我們缺醫少藥。」[1]

  第二天,全世界最重要的報紙幾乎都刊登了周恩來與尼克森舉著茅台酒相談甚歡的照片,這成了20世紀改變歷史的經典時刻。
  透過王立的這段實錄,可以讀出茅台酒對於當代中國的兩層意義:作為最具中國特色的烈酒,茅台酒能讓賓主雙方迅速地拋開常規

---

[1] 王立,《周恩來與尼克森杯酒論茅台》,《品味茅台》,中國文史出版社,2015年。

禮儀,達到親近和歡愉的境界,而它與中國共產黨革命歷史的交集,又成為一個很可以交流的、非正式的政治話題。茅台酒的物質性和精神性,在周恩來與尼克森的這次歡聚中得到了淋漓盡致的體現。

王立的文章還記錄了一則發生在十多年後的,仍然與尼克森和茅台有關的趣事。

1987年,擔任駐美大使館參贊的他前往紐約的尼克森寓所探訪,這位前總統取出一瓶茅台酒招待中國客人。他小心翼翼地給每個人倒了一點點就停手了,然後不好意思地說:「這是1972年周恩來總理送我的酒,現在只剩半瓶了,所以不敢多倒,請原諒。」在溫暖而略帶傷感的氣氛中,現場的人都懷念起了已經去世11年的周總理。賓主一起,「為真誠的友誼乾杯」[2]。

⊙ 1972年美國總統尼克森訪華用酒。

2　王立,《周恩來與尼克森杯酒論茅台》,《品味茅台》,中國文史出版社,2015年。

兩個割裂的存在

如果說，1972 年的國宴亮相是茅台酒的高光時刻，那麼，對同一時期的茅台酒廠來說，這時卻可能是它歷史上最為灰暗的時期之一。很多年後，我們回望那段歲月，會很感慨地發現，茅台酒與茅台酒廠似乎是兩個割裂的存在。

茅台酒，因為它特殊的「兩外」使命和嚴苛的品控，始終保持著品質的穩定和品牌的高貴。在歷次政治運動中，酒廠的管理層幾次撤換，但是，由鄭義興、王紹彬和李興發組成的「技術鐵三角」卻奇蹟般地一直維持，自 1955 年他們被同時任命為技術副廠長之後，竟都沒有挨過批鬥、下過台。

「文革」期間，王紹彬被人揭發「曾經攻擊黨委對工人幹部只提拔不培養」，如果上綱上線，這件事情的「政治性質」是足夠嚴重的，但是最後還是不了了之了。理由其實只有一個：他是全廠最懂烤酒的人。

1964 年的茅台試點，讓企業在釀造和勾兌水準上得到了一次質的飛躍。隨著季克良、汪華等具有科班資歷的年輕技術人員的加入，茅台酒的品質管控得到了進一步的加強，而且品質一直趨於穩定健康的區間。我查閱酒廠從 1966 年到 1976 年的產品合格率，居然最低的年份也有 67.5%（1969 年），最高的 1971 年和 1972 年分別達到了 94% 和 93.3%。這在當年的中國工廠是十分不可思議的。

為了保證茅台酒的品質，1972 年，周恩來總理做出了茅台酒廠

上游100公里內不能建任何化工廠的批示。[3] 這一指示被銘刻為石碑，一直被執行到今天。作為長江中上游唯一一條未被開發的一級支流，赤水河流域保存有世界同緯度地區最好的常綠闊葉林帶，是長江上游自然環境保持最好的流域。

在國家領導人的親自關注下，保證茅台酒的品質成了一項至高無上的政治任務。工廠對工人的品質管制要求，嚴苛得近乎軍事化管制。20世紀70年代初，酒廠發生過一起「貓酒事件」：製酒二車間一名老酒師有一次檢查窖坑的時候，在酒糟上發現了一隻死貓。他認為貓死的時間不長，對酒糟影響不大，就把貓扔掉而沒有上報情況、更換酒糟。十多天後，這件事情被報告給軍代表（當時酒廠被派進了軍管組），立即被認定為嚴重的政治事故。該酒師值班當日的酒全部封存，他被公安局批捕，判刑11年，最後關了7年才被放出來。

「貓酒事件」是一起在特殊年代發生的極端性案件，廠裡的很多工人都覺得這名老酒師冤枉，但是在客觀效應上，事件處理所產生的震懾力也讓所有人對品質問題不敢有一絲一毫的大意。

與品質穩定同時發生的是酒廠效益的連年虧損和生存面貌的一地雞毛。

從1957年到1960年，企業利潤分別是6.3萬元、1.3萬元、4.3萬元、-2.6萬元。1961年出現了一次微利，1962年再度虧損6.8萬元，從此以後的十多年裡，就再也沒有翻過身來。

為了填飽肚子，工人們在廠區裡開荒種地，建了200多個大大小

---

[3] 《三省共護赤水河》，《人民日報》，2018年7月24日。

⊙ 1956年，茅台酒廠製瓶車間，車間外的坡地上可見工人們自行開闢的菜地。

⊙ 1971年，茅台酒廠來了軍代表。

⊙ 20世紀70年代的茅台酒廠職工住房。

小的菜園子。不但生產環境沒有得到改善,從工人到廠領導,生活條件更是處在十分惡劣和原始的狀態。

1973年12月,上級又給酒廠派來了一位副廠長,他在後來的回憶文章中,描述了當時看到的景象:

廠區一片狼藉,各種釀酒原料隨地擺放,有的地方還結滿了蜘蛛網。

黨委書記柴希修住的是二車間原來的酒糟房改建的、用廢茅台酒瓶砌牆、牛毛毯蓋頂的三十多平方米住房。牛毛毯被烈日曬裂口,天上一下雨,雨水從裂口流進屋內,屋內也下雨。

廠長(當時稱為革委會主任)劉同清住的是一間倉庫,窗戶像個貓耳洞,空氣都不流通。

當時的技術員季克良夫婦住的是50年代修的辦公樓一樓,20平方米不到,臥室、廚房、客廳為一室,做飯在走道上。[4]

寬厚的鄒開良

新來的這位副廠長叫鄒開良,他將一直幹到1998年。

我寫這部《茅台傳奇》,前去他的家裡拜訪。90歲的老人家罹患帕金森病多年,坐在輪椅上,嘴角顫抖,幾不能言。他為我在茶几上留了兩本書和一份列印的資料,資料題目為《茅台的兒子:記鄒開

---

[4] 鄒開良,《國酒心》,人民出版社,2006年。

良同志》。老人睜著一雙渾濁的眼睛，盯著我，卻已經不能講一句完整的話。

鄒開良是茅台鎮旁邊的大壩鎮人，當過小學老師，後來進入政府機關，從祕書幹起，當過仁懷縣的副縣長，來工廠之前是縣委常委、中樞區委書記。他的妻子當時是酒廠的一名職工，他們家就在一車間旁邊，也是一間20平方米、牛毛毯蓋頂、牆壁用廢酒瓶和黃泥巴砌成的破屋子。

百年茅台酒史，按大的發展階段來切分，可以分成五段：

──從1862年「華茅」誕生到20世紀40年代的「三茅爭雄」；

──從1951年成義燒房國有化到20世紀70年代中後期；

──從改革開放到1998年鄒開良榮退；

──從1998年季克良掌舵到2014年他榮退；

──從2014年至今。

在整個發展歷程中，前後貫穿時間最長的是季克良，他在茅台酒廠工作了50年；而擔任正職時間最長的則是鄒開良，長達17年。他們以各自的努力，在茅台酒廠不同的發展階段，扮演了主導性的角色。

從企業家素質模型而言，季克良是一個可遇而不可求的個案。他是技術員出身，繼而從事管理、市場及戰略工作，在長期的實戰磨煉中，具備了高度綜合的現代企業家能力。憑著對技術路徑的嫻熟、對產品創新的定義以及對產業發展趨勢的掌握，他可以躋身國際級企業家的行列。

相比季克良，鄒開良則在他的任職階段完成了企業經營十分重要的兩個任務：現代公司治理模式的確立和產能的擴大。而這兩項也正

⊙（左）20 世紀 70 年代酒庫車間洗壇的宣傳照，照片中負責洗壇的女職工（右 1 站立者）就是鄒開良當年的妻子。
（右）20 世紀 70 年代的廠長周高廉（左）與副廠長鄒開良（右）。

⊙（左）1992 年，鄒開良（左 1）與季克良（左 3）在茅台楊柳灣古井前。
（右）2022 年，採訪鄒開良。老人因患帕金森病已不能言語，身邊的茶几上放著提前為我準備好的資料。

12
艱難的秩序恢復

是他的繼任者最終把企業帶到一個令人難以企及的高度的戰略性基礎。

在創作訪談中，我經常問被訪者一個問題：「鄒開良廠長的領導風格是什麼？」我聽到最多的評價是兩個字：寬厚。

季克良跟我講了他的這位老上司的一個故事：

很少有人知道，我曾經打過十多次請調報告，不是茅台酒廠不好，也不是條件太艱苦，是離家實在太遠了。四位老人在南通農村老家，我作為兒子，無法照顧盡孝。1967年，我的養母病危，我趕了五天五夜回去，還是沒能見到最後一面。那是我第一次打報告，要求回江蘇工作。

鄒開良來工廠後，很體諒我的處境，經常找我拉家常，順帶著也是做思想安撫。有一年，他去江蘇出差，專門坐車轉坐船，去看望我的父母。那次把他凍成了重感冒。這讓我非常地感動。

鄒開良在一份名為《茅台實話》的口述實錄中，也講述了那一次的經歷：

那天是農曆臘月二十八，我和隨行的同志在上海買去南通的慢船票。由於節日的緣故，客船人太多，座無虛席，船艙通道都坐滿了人，我們買的是加票，上船晚了，無座位，只好站在船間的樓梯板上，整整站了六個小時，氣溫在零下十三度，可以說是又凍又餓，腳凍僵站硬了，到了南通凍得連話都說不清了。南通到克良的家，還有一段小路，不通汽車，我們只好雇兩輛自行車，天上下著鵝毛大雪，地上白

茫茫一片……[5]

20世紀80年代初，為了解決廠裡科技人員的住房問題，鄒開良在老縣城購了一塊地建工程師住宅樓，戶均面積有一百來平方米，超出了當時國家的標準。他擔著責任和風險，一是不報批，二是先寫好檢討書再動工。這件事在當時是很得人心的。

這樣的事情，鄒開良做了很多。他的寬厚和擔當，讓渙散的人心漸漸重新凝聚了起來。

從「九條經驗」到工人大學

鄒開良到工廠的時候，最混亂的動盪時期已接近尾聲。

1971年，中國重返聯合國，接著與日本、美國相繼恢復邦交，重新融入國際社會。1973年2月，全國計畫會議結束，國務院主持起草了《一九七二年全國計畫會議紀要》，明確要求企業恢復和健全崗位責任制、考勤制度、技術操作規程、品質檢驗制度，企業要抓產量、品種、品質、原材料燃料動力消耗、勞動生產率和成本利潤等七項指標。

鄒開良到廠後的第一件事，就是協調技術力量，對發電機組進行了一次大的維修。他很快發現，由於缺乏起碼的業務流程管理，整個工廠的運營處在一種繁忙而低效的半自然狀態。

5　鄒開良，《國酒心》，人民出版社，2006年。

就在鄒開良到任的半年後,季克良向廠裡遞交了一份6000字的報告,題為《提高茅台酒品質的點滴經驗》。其中對茅台酒生產工藝的九個要點進行了總結和提煉,它在茅台史上被簡稱為「九條經驗」。

　　在這份報告中,從業10年的季克良從「嚴格控制入窖水分」「延長窖底發酵期」「窖中封泥」「量質取酒」等九個方面,提出了定性而且定量的建議。其中很多條後來被納入茅台酒的操作規程。

　　報告被遞到廠辦,第一個讀到的是79歲的鄭義興。他當時已經退休,卻還住在廠區裡,經常到燒房去走走看看。老酒師找到季克良說:「你的九條有革新,說到點子上了。我們那時文化水準低,看不到那麼深。」季克良的報告讓鄒開良如獲至寶,這成為他提高品質管理的一個抓手。在他的建議下,1975年5月,季克良被提拔為生產技術科的副科長。

　　1976年,又是在鄒開良的建議下,酒廠開辦了一所「工人大學」,學制為兩年,由他出任校長。在過去的1972年和1975年,工廠先後招進600名新員工,他們大多具有小學或初中的學歷,在基本知識上已經強過以往的老工人,但是仍然缺乏專業性學習。鄒開良聘請廠內的技術骨幹為他們進行系統化的釀酒工藝和管理知識的培訓,其中,季克良講的是微生物學。

　　入學的骨幹們在學習課本知識之外,也結合實際對工作難題進行攻關。在過去的一百多年裡,燒房裡開窖、下甑,酒工們要搭木梯下窖,然後用背篼把重達60多公斤的酒醅背上來,勞動強度可想而知。學員們集思廣益,自行設計製造了工字梁行車和不銹鋼甑,用抓鬥起糟,行車吊甑下糟,把固定的石板甑改良成了可以活動的不銹鋼甑。

　　這所「大學」對茅台酒廠而言,是一所真正意義上的「黃埔軍

⊙ 1978年，茅台酒廠「七·二一」工人大學第一期學員畢業留影，他們中的很多人後來成了酒廠的核心骨幹。

⊙ 1983年，茅台酒廠的青年工人

校」。它全面提升了酒廠職工的素養，這數百名「學生」後來成為各個崗位的骨幹和管理者。

一直到 2005 年，茅台酒廠的高管人員中除了「老師」季克良，其餘清一色是「工人大學」的「學生」。

1978 年：扭虧為盈

鄒開良到茅台後的前幾年，酒廠一直處在虧損的狀態。1973 年虧損 24 萬元，1974 年虧損 1.7 萬元，1975 年虧損 16.7 萬元，1976 年虧損 12 萬元。

在 1976 年開年的廠務會上，鄒開良提出：「扭虧為盈是當前我們企業的一件大事，我想在搞好分管工作的同時，做一些調查研究供領導參考。」他的提議當即得到革委會主任劉同清的同意。

在接下來的一年時間裡，鄒開良深入各個車間調研，筆記記滿了整整兩個筆記本，總結了 10 個大類的 100 多個問題。到年底，他和財務部門一起草擬了一份《扭虧為盈的方案（意見初稿）》，他拿著這個方案分別召開各車間和業務部門的班組長座談會，又收集上來 600 多條意見和建議。

經過數輪討論，《扭虧為盈的方案》被列印成正式文件，酒廠召開由 200 多人參加的全廠管理人員大會，鄒開良代表廠領導層逐條朗讀方案細則。他提出要狠抓三件事：一是所有定額落實到責任人；二是制定和修改各項規章制度，達到有章可循；三是推行責任制，把季度和年度指標貼在牆壁上，實行年終評獎，對失職者按照情節輕重實行懲罰。

鄒開良的這些管理措施，在今天的人們看來，也許並沒有太多的新奇之處。但是，如果回到20世紀70年代中期的中國，他其實冒著非常大的政治風險。

就在鄒開良埋頭擬寫《扭虧為盈的方案》的1976年，6月的《光明日報》上有一篇題為《靠「責任制」還是靠覺悟？》的文章與鄒開良的改良針鋒相對。此時，孰是孰非，暗潮湧動。很可惜，當我見到鄒開良的時候，被帕金森病困擾的老人已經無法向我回憶他當年的壓力。

經過1977年一整年的狠抓，到年底，酒廠產酒量為758噸，銷售收入為379萬元，上繳利稅203萬元，虧損減少到2萬元。在這一年的8月，仁懷縣縣委書記周高廉被派來出任酒廠黨委書記兼廠長，鄒開良升職為副書記、常務副廠長。酒廠領導班子繼續把企業管理和扭虧為盈作為最重要的工作來抓。

在茅台酒廠檔案室留存著一本當年鄒開良用過的筆記本，其中有一頁是他在一次生產調度會上記錄的關於物資消耗的資料：

核定的噸酒包裝費用為2200元，實際已達2884元，超過31%；
核定的酒庫年損耗率為3%，實際損耗達5.6%；
核定包裝酒瓶每噸2200個，實際為2900個；
核定灌裝噸酒損耗為20斤，實際為60斤。

鄒開良要求相關車間必須在本年度內把浪費的物耗全部降下來。面對這組資料，班組長們心裡其實也不是不明白，只是多年來形成了習慣，也沒有改變的動力。鄒開良隨即宣佈了廠裡的一項新政策：在

包裝和成品庫車間率先推行「節約獎」。

在嚴抓責任制、擠出管理水分的同時,周高廉和鄒開良還在產能上下功夫。1978年,酒廠產酒1068噸,比上一年足足增加了310噸,首次突破了千噸大關,產值增加到543萬元。

雙管齊下,到年底一算帳,酒廠實現利潤6.5萬元。

這是自1962年開始的16年來,茅台酒廠第一次扭虧為盈。一位老茅台人對我回憶說:「廠裡貼出大紅喜報的那天,鎮上的豬肉一下子就被搶空了。我們都不知道怎麼表達自己的開心勁兒,第一車間有幾個年輕人跳進酒窖裡跳舞,上面的人向他們灑酒。由工廠職工組成的鑼鼓隊在廠門口敲了一天的大鼓,放了十萬響鞭炮。」

也是在1978年年底,北京召開黨的十一屆三中全會,中國進入改革開放的激蕩時代。也許是巧合,也許是某種必然,我們這個國家和茅台酒廠一起迎來了一個歷史性的轉折時刻。

⊙ 1975年運貨途中滿載茅台酒的解放牌汽車

⊙ 1979年，茅台酒廠被評為「大慶式企業」。

⊙ 1979年，全廠職工跳秧歌慶祝。

⊙「工業學大慶」活動中的先進生產者手持獎狀在街上遊行。

2023 年兔茅品鑒會現場

下　部
激荡时代
1979 ～ 至今

13
一香定天下

> 嗅覺是我存有的唯一本能。它活在過去以及潛意識裡。[1]
> ——可可・香奈兒

1979 年：香型的誕生

在很多人的記憶中，1979 年 8 月的第三屆全國評酒會充滿爭吵、忐忑和火藥味。評酒會是在大連舉辦，距離上一屆已經過去 15 年。其間世事變幻，飄過多少悲喜，而中國的白酒江湖也各有沉浮。

評酒會的評委主任仍然由周恒剛擔任。他離開茅台不久便被「打倒」了，一直到 1971 年才從牛棚裡被放出來。這位「酒癡」一旦獲得自由，就再也閒不下來，在五、六年的時間裡，他先後 明華北地區的十多個酒廠進行技術改造。天津的寧河酒廠是一家由前清老燒房改制而成的小酒廠，周恒剛在這裡研發麩麴醬香型白酒。老廠長卞文華回憶說：「小小的寧河酒廠在周工的指導下，學習了茅台、瀘州等名酒廠祕而不傳的品嘗勾兌技術。這些白酒工藝，在當時北方地區的

---

[1] 賈斯迪妮・皮卡蒂，《可可・香奈兒的傳奇一生》，廣西科學技術出版社，2011 年。

⊙ 1979年，茅台酒獲第三屆全國評酒會品質金獎。

酒廠，是絕無僅有的。」[2] 在周恒剛的扶持下，寧河酒廠推出了有「北方小茅台」之稱的蘆台春。

在這屆評酒會的65名評酒師中，白酒酒師占到22席，絕大多數為各大酒廠的總酒師。貴州省派出了輕工業科學研究所所長曹述舜——他也是當年茅台試點的參與者，跟季克良一起分在微生物組。這屆評酒會，全國共送來313個品種的酒。

前兩屆評酒會，一次是明品，一次是盲品，對所有白酒按照色、香、味三大要素進行品評。

這一次，周恒剛全力主張改為以香型分類進行品評。規則一改，產業格局為之大變。

正如之前所記敘的，在1964年的茅台和汾酒兩個試點中，茅台提出了「三種典型體」理論，而瀘型酒和汾型酒的主體香型相繼被發現。從此，白酒品質的核心評價標準從「味」變為了「香」。在1974年的一次全國釀酒會議上，周恒剛等人就提出了「香型」這個概念，5年後的大連評酒會，第一次按香型分組評比。

評委組發生的爭論主要集中在兩個方面。第一是「香型」標準的

---

2 《天津的這瓶「老酒」是如何釀出來的？》，公眾號「天津廣播」，2020年9月20日。

科學性，來自陝西西鳳酒廠的李大信、山東釀酒專家于樹民等人便激烈反對按此標準評比，認為「尋香而去」的白酒會走上歧途。第二是「香型」的劃分，天下白酒因原料和工藝不同，香氣各有極其微妙的差別，強行歸型，難免削足適履。

最終，評委組還是求同存異，達成共識，香型路線得到了實施。參評白酒的香型被分為四大種，醬香型、濃香型、清香型、米香型，並對風格的描述進行了概括，統一了尺度：

醬香型酒：醬香突出、幽雅細膩、酒體醇厚、回味悠長
濃香型酒：窖香濃郁、綿甜甘冽、香味協調、尾淨香長
清香型酒：清香純正、諸味協調、醇甜柔口、餘味爽淨
米香型酒：蜜香清雅、入口綿柔、落口爽淨、回味怡暢

⊙（左）20世紀70年代，第五屆全國名白酒技術協作會在茅台酒廠召開。
（右）1979年茅台酒廠的「全國名酒」證書。

在分型編組的前提下，評委以 100 分為滿分，按色（占 10 分）、香（占 25 分）、味（占 50 分）、格（即風格，占 15 分）四項計分。最終評出了新的「八大名酒」，分別是茅台酒、汾酒、五糧液、劍南春、古井貢酒、洋河大麴、董酒和瀘州老窖特麴。

　　與第二屆全國評酒會的「八大名酒」相比，這次增加了四川綿竹的劍南春和江蘇宿遷的洋河大麴，西鳳酒和全興大麴消失了。其中，北派名酒西鳳酒的落選，成為一樁極富爭議的「公案」。

　　西鳳酒在唐代就已名聞天下。民國時期，鳳翔地區年產白酒 1000 噸，是國內較大的產酒集散地。西鳳酒在工藝上，與醬香、清香或濃香型酒都有不同。在製麴上，它跟清香型白酒一樣用豌豆和大麥為料，卻採取了醬香型酒的高溫製麴；在窖池工藝上，它跟濃香型酒一樣採用泥窖，但是每年更新一次，每次需要去掉窖壁、窖底、老窖皮，換上新土，年年換窖泥；在貯藏上，它不用陶缸，而發明了一種叫「酒海」[3] 的容器。

　　因為這些獨步江湖的工藝，西鳳酒「清而不淡，濃而不豔」。然而，在這次評酒會，它卻陷入了痛苦的香型選擇。作為評委之一，西鳳酒廠的李大信最終在清香型組和濃香型組之間選擇了清香型，因香型不匹配，遺憾落選。

　　「西鳳事件」的後果是，在接下來的十多年裡，無法或不甘歸於四大香型的酒廠紛紛研發和定義自己的香型。西鳳酒獨立成派，成了

3　酒海是西鳳酒的特色貯酒容器，採用荊條或木材編織成大簍，內壁以血料、石灰等作為黏合劑，糊上百層麻紙和白棉布，然後用蛋清、蜂蠟、熟菜籽油等以一定比例塗擦、晾乾而成。

「鳳香型」；董酒因在酒麴中加入大量藥材，成了「藥香型」；廣東的玉冰燒自立為「豉香型」；河北衡水的老白乾成了「老白乾香型」；其他還有馥鬱香型、特香型、芝麻香型和兼香型。最終構成了當今白酒業的十二大香型，未來難保沒有新的香型門派誕生。

「一香定天下」，固然非常霸道，不過卻在客觀上建構了相對公平的評價體系。如同游泳專案，在最初的奧運會上，比賽不分泳姿，就比誰遊得快。之後國際泳聯才慢慢分出了仰泳、蛙泳和蝶泳，加上自由泳，成為四大泳姿，最終形成了現代游泳的競技模式。

周恒剛等人堅持以「香」替「味」，先是避免了茅台酒、汾酒等名酒同台品評的難分難解，繼而在香型理論的基礎上，鼓勵各門派建立自己的品種國家標準，促進了白酒業的標準化工業發展。不過，它的後遺症在後來也呈現出來，就是扼制了小品類、地方傳統白酒的脫穎而出。[4]

在這一演進過程中，茅台可能是最大的獲益者，它也是「香型」概念的最早提出者。同時，以醬香為旗，它從擁擠的濾型酒系中獨立了出來。

在茅台酒廠的發展歷程中，我們發現，它在戰略上最值得稱道的是，在一個極其傳統，而且千百年來缺乏定量定性和標準化生產的行業裡，率先提出了新的產品評價標準——香型，繼而在釀造流程中，

---

[4] 全國評酒會在 1983—1984 年和 1989 年又舉辦了兩屆，之後宣布永久停辦。據我分析，原因有三。其一，被利益綁架，主辦機構很難做到真正的公允；其二，很多地方小品類傳統白酒無法歸類於典型香型；其三，送評參賽產品與實際銷售產品在質量上無法保證一致。

又第一個實現了要素的標準化。

梳理這一段歷史,很難說當年的鄒開良、季克良等人是在一個預先設定好的戰略框架中完成了這些動作。這一切,如熊彼特和德魯克所歸納的,是企業家創新精神的體現。

具有標誌意義的「十條措施」

1979年11月,就在大連評酒會之後不久,季克良完成了《提高醬香型酒品質的十條措施》(以下簡稱「十條措施」),這是對1974年的「九條經驗」的提升,意味著茅台酒生產工藝的全面成熟。

到這一年,四十不惑的季克良已經在酒業修煉了15個春秋,從當年背酒麴的青年成長為自信的技術專家。此時的他,如同一個練武之人,任督二脈被打通,元氣充沛,運行自如。從26歲開始,他在茅台的燒房裡踩麴、堆沙,被窖坑酒罈足足熏了十多年。他的身上具備了兩種交融的稟賦,一是現代科班的學術訓練,二是傳統酒匠的長

⊙ 20世紀70年代的生產場景,老酒師摘酒(左)與人工下甑(右)。

年浸淫。

　　一瓶白酒的誕生，要經過製麴、製酒、陳釀和勾兌四個環節，每一處都有各自精妙的關節，非經多年的鑽研摸索，雖見其庭而難窺其門，雖窺其門而難入其室。

　　這四大工種成就其一，便足稱門派名師。越其之上，是精通四藝、融會貫通者，是為一代宗師。而再往上，便是能夠寫經定律的規則制定人，是為大宗師。

　　寫作「十條措施」的時候，季克良在職務上還僅僅是酒廠生產技術科的副科長，但已經展現出日後成為一代宗師的秉質。

　　在論文中，季克良開篇就確立了白酒釀製的教條性原則：製麴是基礎，製酒是根本，陳釀和勾兌是關鍵。後來這成為全行業的一個共識和通則。

　　在「十條措施」中：

　　與製麴有關的一條——對優質麴的品質提出了要求；

　　與糧料有關的兩條——給出了磨糧的最佳比例和發糧水分的控制資料；

　　與蒸糧、收糟和堆積發酵有關的三條——給出了具體的蒸糧時長、氣壓公斤數、收糟溫度區間和堆積適溫度數；

　　與酒窖管理有關的一條——提出了避免次品事故的管理要點；

　　與取酒有關的一條——給出了「量質接酒」的幾個操作規範；

　　與貯藏有關的一條——提出了「分型出醅、分型上甑、分型入庫」的基本法則；

　　與增產有關的一條——給出了多產醬香酒的一些技巧。

　　「十條措施」除了涵蓋釀酒的四大生產環節、定性的判斷和建

議，還有定量的技術參數。它解決了生產工藝中長期懸而未決的水分之爭、麴藥之爭、窖材之爭、原料之爭、溫度之爭等問題。在後來的十多年裡，它們經過一次次的打磨和優化，成為茅台酒廠的企業品質標準。到 1985 年，在此基礎上，國家頒布了大麴醬香型白酒生產的國家標準。

在坊間，「十條措施」被總結成了茅台酒的十項釀製工藝規範。

一：一個基酒生產週期。

二：兩次投料，兩次發酵。

三：三種典型體，醬香、醇香、窖底香。

四：四十天製麴發酵。

五：五月端午踩麴。

六：六個月存麴。

七：七次取酒。

八：八次加麴。

九：九次蒸煮。

十：十項獨特工藝──高溫製麴、高溫堆積、高溫摘酒；輪次多、用糧多、用麴多；出酒率低、糖化率低；長期儲存，精心勾兌。

這個描述還是過於複雜，到 20 世紀 90 年代初，隨著愈來愈多的人擠入醬香酒賽道，人人以茅台酒廠為標杆，便有了朗朗上口的口號「12987」──「一年生產週期、兩次投料、九次蒸煮、八次發酵、七次取酒」。

日後，所有釀製或經銷醬香型白酒的人，都會背誦「12987」，

茅台酒十項釀製工藝規範

- 01 / 一个基酒生产周期
- 02 / 两次投料 / 两次发酵
- 03 / 三种典型体 / 酱香、醇香、窖底香
- 04 / 四十天 / 制曲发酵
- 05 / 五月 / 端午踩曲
- 06 / 六个月存曲
- 07 / 七次取酒
- 08 / 八次加曲
- 09 / 九次蒸煮
- 10 / 十项独特工艺

⊙ 茅台酒十項釀製工藝規範。

以此為區別於其他白酒的重要特徵。如果就專業而言，同是「12987」，不同酒廠最終體現在產品上的差距仍然非常大。這就好比學打太極，擺架作勢，動作像模像樣，也許並不是什麼太難的事情，然而，要打出太極拳的精氣神，打出獨特的氣度和格局，卻需要深研，掌握拳理、拳式和套路，並經受時間的殘酷磨煉。

換一個角度講，行業裡的每個人都奉「12987」為圭臬，就意味著茅台酒廠成了整個醬香型酒品類的規則制定者，它擁有了對產品或行業的定義權，進而決定了企業的行業地位及長遠戰略的有效性。

酒師制的恢復與 TQC 小組

1980 年，李興發得了一筆 500 元的獎金，這相當於他一年的工資，獎勵他在 1964 年發現了三種典型體。這筆獎勵雖然遲到了十多年，但還是在酒廠上下引起了不小的轟動。

周高廉和鄒開良試圖以此表明對酒師制的尊重和回歸。在「文革」時期，提倡人人都是主人翁，師徒制被看成封建傳統的糟粕。茅台酒廠雖然對技術骨幹持保護態度，但是收徒弟顯然是不現實的。就在 1980 年，酒廠給省裡打了一份報告，在省長蘇鋼的批准下，茅台酒廠恢復了酒師制。同時，酒廠享受了兩個在當年的國營工廠（其實到今天也是如此）幾乎難以想像的特殊政策：

——技術精湛的老酒師可以到退休年齡後，以技術顧問的身份繼續返聘，其聘用期沒有時限；

——酒師的子女可以不受招工規定限制，通過特別通道入職為酒廠的職工。

這兩條政策類似日本的終身雇用制和年功制，為酒廠的技術傳承和忠誠度教育打下了扎實的長期基礎。

我去調酒部門調研，現任首席調酒師王剛是 1992 年進廠的，從基層勾兌員幹到最高層級的首席。他的父親便是 1972 年為尼克森和田中角榮勾酒的「王連長」王道遠。王道遠有四個子女，目前都在酒廠工作。王剛還告訴我，現在的調酒部門有 14 位勾兌酒師，最近十多年，沒有被挖走過一個人。

第二車間的車間酒師馮沛慶的經歷跟王剛很相似，他的父母都是「老茅台」，生了三子兩女，目前都在茅台酒廠工作，老大、老二的

兒子現在大學畢業也入職酒廠，算是「茅三代」了。馮沛慶跟王剛同年進廠，1998年當了副班長，兩年後當班長，2001年當上酒師，目前是全廠的20位一級釀酒師之一。馮沛慶告訴我，當年一起進廠的有40多人，幹到酒師這一級的也就兩、三個人，在當地，能當上茅台酒廠的酒師，是一件十分榮耀的事。

像王剛、馮沛慶這樣子承父業的情況，在茅台酒廠不在少數。

在寫《茅台傳奇》的時候，我訪談了不少仁懷周邊的大小酒廠。企業主一方面對茅台酒廠充滿了尊敬，另一方面也都感歎，挖到一個酒廠的核心技術人員比登天還難。

還是在1980年，鄒開良在工廠推行了一系列經營管理體制改革。首先把「統一核算」改成廠部、車間、班組「三級核算」責任制。在生產車間推行「五定」「四包」「一獎」：「五定」即定產量、定品質、定週期、定人員、定費用，「四包」即包工資、包夜餐支出、包崗位津貼、包高溫補貼，「一獎」即包裝車間推行節約獎的「計分計獎」超額獎。對於完不成「五定」「四包」的車間，採取相應的處罰措施。

同時，鄒開良還進一步健全和完善了十項管理制度，即《職工守則》、《勞動紀律暫行條例》、《製酒操作規程》、《製麴操作要點》、《茅台酒勾兌操作規程》、《新酒檢驗操作要點》、《文明生產守則》、《水、電、氣管理辦法》、《制止喝酒風的暫行規定》、《包裝生產操作規程》。

尤其值得一提的是，他還在這一年成立了貴州省工業系統的第一個TQC（Total Quality Control，全面質量管理）小組。後來的幾年，他在TQC基礎上建立了由31類、343個標準構成的企業標準化體系。

⊙ 1984年，王熙容全家福，背景是茅台酒廠老化驗室。特別通道的開通讓茅台酒廠內出現了許多「茅二代」「茅三代」甚至「茅四代」家庭，王熙容一家便是四代人都在茅台工作。

⊙（左）在茅台酒廠採訪王剛。（右）「茅二代」家庭，王剛父子。

⊙ 1981年，酒廠子弟學校師生合影，照片中的很多孩子後來成了酒廠員工。

⊙ 一名「茅三代」女孩站在 1966 年第二期茅台試點人員合照前,她的奶奶正是當時試點小組的一員。

⊙ 1986 年,茅台酒廠慶祝五一晚會上的年輕人。

⊙ 20 世紀 80 年代,酒廠子弟學校正在進行知識測試,桌上擺著可口可樂作為獎品。

1993年,茅台酒廠榮獲全國優秀企業「金馬獎」,鄒開良同時獲得全國優秀企業家「金球獎」,獲獎的理由便是,常年堅持以品質為核心的 TQC 體系。

1980年是一個積雪初化的年份,改革開放正在這個國家的一些角落小心翼翼地展開。北京中關村出現了第一家民營科技公司;在南方的深圳,特區辦公室掛牌了;可口可樂出現在了北京和上海的高檔賓館裡;全國有6000多家國營工廠被允許進行擴大自主權的試點;在江蘇和浙江的農村,一下子冒出了成批的鄉鎮企業。

⊙ 1993年,茅台酒廠獲得全國優秀企業「金馬獎」。

地處偏遠河谷的茅台酒廠,無疑也興奮地感受到了大時代變革的氣息。在規模上,它還是一家不算大的企業,1980年完成了1152噸產酒量,年產值為576萬元,利潤為72萬元。不過,比這幾個數字更重要的是,它的身上正在發生著現代企業的基因突變。

1981年,茅台酒廠進行領導班子調整,鄒開良被正式任命為廠長,而生產科副科長季克良連跳兩級,被任命為副廠長。

14
雙重焦慮

茅台酒是一個討飯的王子。
——鄒開良

規模:增長之王

自 20 世紀 80 年代以來,中國市場上獲得成功的企業,絕大多數是在三個方面取得了突破,分別是:規模、管道和品牌。

其中,規模是「增長之王」。

規模如同一股強勁的空氣,是解決一切企業問題的入口。尤其是在一個行業的爆發期,規模會帶來諸多的決定性優勢:生產和運營成本的下降,市場覆蓋面的擴大,以及在競爭中以價格優勢對競爭對手實施碾壓攻擊。

在中國白酒業,第一個把規模當成「核武器」來運作的是常貴明（1930—2005）。

他跟鄒開良有驚人相似的經歷:1930 年出生,17 歲參軍,1950 年入職汾酒廠,1979 年擔任廠黨委書記,一直幹到 1996 年離休。他在汾酒廠工作 46 年,掌舵 17 年,這段時間與鄒開良執掌茅台的時間基本重合。

在 1979 年,汾酒的產能與茅台酒差不多,年產量都在 1000 噸上

下。常貴明在接下來的幾年裡，瘋狂擴張產能，1983年增加到4000噸，1985年再漲到11500多噸，汾酒廠一舉成為全國最大的白酒生產基地——相比之下，茅台酒年產過萬噸，是2003年的事情了。

汾酒產能的快速擴張，有它先天的優勢。首先，清香型白酒是將酒醅埋于土中的陶壇裡發酵，不需要開挖窖坑。其次，它的發酵時間為28天，比濃香型和醬香型都要短十幾天，取酒工藝則是「清蒸二次清」，兩次蒸餾得酒，當年即可銷售。

為了多出酒，出好酒，常貴明還在廠內推行了極具刺激力的獎金制度：工人每超產1公斤合格汾酒，只給獎金1分錢；每生產1公斤優質汾酒，就給獎金1角錢；每生產1公斤特質汾酒，則給獎金3角錢；汾酒能獲一枚品質金牌，全廠每人得獎金100元；如果失去一枚品質金牌，全廠所有人都降一級工資。

隨著產能的翻番，加上汾酒強大的品牌勢能，杏花村汾酒廠在整個20世紀80年代成為中國白酒業的統治者。1987年6月29日，新華社在一篇報道中描述說，杏花村汾酒在全國有「四最」：「一是每年的出口量最大，等於全國其他名酒出口量的總和；二是名酒率最高，達99.97%，全國每斤名酒中就有杏花村汾酒廠的半斤；三是成本最低，物美價廉；四是得獎最多。」

「汾老大」的名號就是這個時期被喊響的。

兩次失敗的易地試驗

相比汾酒，茅台酒廠在產能擴張上的速度就要慢很多了。它在1978年首次突破千噸大關，後來的幾年裡，每年的增速都在幾十噸，

1983年的產量勉強到了1200噸。

事實上，自1958年提出「搞它一萬噸」茅台酒之後，從國家輕工業部到貴州省，都在茅台酒的產能增加上做過文章。不過，在很長的時間裡，上級部門希望通過易地生產的方式來實現。在很多人看來，茅台酒過萬噸，並不是指茅台酒廠產量過萬噸。

1964年的茅台試點之後，輕工業部認為，茅台酒的生產工藝已經被摸清楚了，具備複製擴產的條件，於是，展開了第一次易地生產試點，先後在北京昌平、湖南以及遼寧、山東、內蒙古等10個地方，開建茅台酒的生產工廠。當時的想法可能是，如果每家酒廠都能幹出1000噸，主席下達的任務就完成了。

這些酒廠釀製的酒雖然都是醬香型的，可是在品質上比較平庸，與茅台酒廠的相比，得其形而未得其香和味。最後，廠是都建成了，酒也出了，卻沒有實現「換鋼材」的目的。而後來的結果是，在20世紀90年代初期，這些酒流入市場，一度造成了醬香型白酒的氾濫。

在第一次易地試驗失敗後，很多年裡沒有人再提此事。到1975年，中國科學院立項「茅台酒易地生產試驗」，作為國家「六五」重點科研攻關項目之一。於是，易地試驗再次啟動。

這一次下的決心更大，而且指令茅台酒廠全面配合。

新工程被選址在遵義北郊的十字鋪。這裡地處大婁山隅，被群山環抱，是一個僻靜的山谷，村裡有一口清泉，村民叫它「龍塘」。明代以來，當地人就有以清泉釀酒的傳統。

新工程被定名為「貴州茅台酒易地試驗廠」。在貴州省科委的直接領導下，茅台酒廠派出了20多名技術骨幹，基本上是成建制遷移。高粱、麴藥、母糟、鏟沙的木鍬、木車等都是從茅台酒廠轉運過來的。

⊙ 新建「貴州茅台酒易地試驗廠」的紅頭文件。

甚至，連構建酒窖窖泥的砂石都采自茅台鎮周圍的山上，以保證百分之百地「複製」。

到 1978 年，為了推進工程進度，省科委決定再從茅台抽調骨幹。曾經擔任過廠長、在車間潛蟄了整整 10 年的鄭光先主動請纓，加上副總工程師楊仁勉等 28 人馳援試驗廠。1981 年 4 月，國家科委主任方毅專門趕赴十字鋪視察，要求在 1985 年通過鑒定。

「十字鋪」工程前後進行了 10 年，其間完成了 9 個週期的基酒生產、63 輪次試驗、3000 多次分析研究。1985 年 10 月，國家科委在貴陽組織「茅台酒易地生產試驗」鑒定會。在發給貴州省科委的電話記錄中專門提醒：「一定要組織暗評，這樣才能取得對比資料，一定要保密，評定結果可以不公開。」

鑒定會的專家組由時任中國科學院副院長嚴東生領銜，鑒定人員包括方心芳、周恒剛、熊子書以及季克良等 23 人。他們給十字鋪版茅台酒打出了 93.2 分，鑒定「基本具有茅台酒風格」「品質接近市售茅台酒水準」。

然而，試驗廠的酒最終沒有定名為「茅台酒」，而被起名為「珍

⊙（左）1985年，茅台酒易地試驗鑒定會專家合影：（右3）鄭光先、（右5）楊仁勉、（左3）季克良。
（右）易地試驗廠生產的茅台酒。

酒」。[1]

很多年後，我請教季克良其中的原因。他沉吟片刻後說：第一，試驗廠希望獨立發展；第二，畢竟還不是茅台酒。

1984年：800噸擴建

就在易地試驗廠項目接近完成的1984年，茅台酒廠向銀行貸款3834萬元，投資「800噸擴建」工程。當時公司帳上幾乎沒有多餘的「存糧」，貴州省的金融機構底子又薄弱，這筆款是從多家銀行分頭貸來的，每年的利息就相當於酒廠一年半的利潤。儘管如此，鄒開良

---

[1] 珍酒在20世紀90年代後期陷入困境。2009年，白酒管道商華澤集團以8250萬元全資競購貴州珍酒廠，實現了產權的私有化。

還是決心賭上一把，他親自擔任擴建工程指揮官。

這是酒廠的第四個車間，而三車間的建設時間則是在遙遠的1957年。

擴建工程選址在三車間南面赤水河沿岸，占地253畝，施工面積7.46萬平方米，其中生產性建築面積5.47萬平方米。在施工建設中，選用了當時最新的一些設備，比如在製麴車間安裝了回轉反吹類袋式除塵器，大大降低了粉塵濃度；在鍋爐房選用了高效能的水膜麻石除塵器；還建成了一根60米高的大煙囪。酒廠為擴建工程的投產，培訓技術工人120人。

在窖池工藝上最大的改進，是全部採用條石窖。之前燒房時代的窖坑有碎石窖、泥窖和條石窖三種。我在茅台鎮調研時，專門考察了幾次燒房舊址。「王茅」原在的第一車間，改造之前的酒窖均為碎石窖。在酒廠的文化廣場上，有幾處廢棄的老酒窖，要麼是泥窖，要麼是碎石窖。王家在黑箐子的自家大宅的家族小燒房，現在歸王立夫酒業的老邱，我請他陪同前去查看，殘存的四口酒窖均為碎石窖。

在酒廠內部，一直有窖石之爭。季克良等人經過反覆試驗認為：

⊙ 20世紀50年代，燒房的碎石窖（左）與條石窖（右）。

⊙ 在「茅酒之源」遺址考察碎石窖。

泥窖含水量大，水分不易掌握，酒的品質波動大；碎石窖易漏氣，高溫發酵，容易燒幹酒糟；條石窖堅固耐用、規範，不易漏氣，可保產品質量穩定。

更得「天助」的是，茅台鎮的地層由沉積岩組成，形成於7000萬年前恐龍統治地球的白堊紀，將之開採為條石，酸鹼適度，具有良好的滲水性和透氣性，利於窖內溫濕度控制，而且具有較大的顆粒縫隙，利於微生物的生長和繁衍。

因此，在四車間的建設中，條石窖成為茅台酒窖池的標準配置。鄒開良還要求將全廠的窖池全部進行改造，同時對每個窖的長、寬、深做了統一規範。

四車間在1988年10月交付，首任車間主任是年輕的技術骨幹陳孟強。在他的帶領下，車間進行多種工藝試驗，特別是在用麴比例、

⊙ 製酒四車間生產房之間的通道。我去的時候，道間樹木已經枝葉繁茂。

小堆積發酵、合理投入水分、窖內溫度變化控制、如何提高二輪次酒產量等方面取得了突破。到 1991 年，四車間的年產酒量就達到 1032 噸，超過了原定的生產能力。

在創作訪談中，我發現，儘管在後來的年份裡，茅台酒廠不斷擴大產能，廠區面積愈來愈大，車間也愈來愈多，然而對很多人而言，「800 噸擴建」工程是他們印象最深的一個敘述點。也許那是他們共同的青春記憶，也是酒廠歷史上第一次大規模的工業化建設。我問一位高管：「在擴建中，有哪一件事情令你最難忘？」他的回答居然是遷墳。當時在 200 多畝的施工區內有 106 座墳墓，當地村民對動墳極為忌諱，以往一旦涉及這類事情，往往發生流血械鬥。為了說服每一戶人家，鄒開良等人逐戶拜訪，竟然沒有因此發生衝突性事件。

「800 噸擴建」工程是茅台酒廠在 20 世紀 80 年代最重要的建設成果，它的完成意味著酒廠在現代化生產上的一次質的飛躍，同時也為即將到來的市場化競爭時代，積累了一定的產能儲備。

1986 年：去人民大會堂開獲獎紀念會

1983 年 10 月，44 歲的季克良出任茅台酒廠第五任廠長，那一年，他從南通到茅台鎮快要足足 20 年了。他的口音中已經帶上了仁懷方言味，或許是遺傳的緣故，他的頭髮在幾年前也開始發白。

那些年，酒廠的工作十分繁忙，鄒開良把大部分的精力放在了「800 噸擴建」工程上，工廠的經營生產都壓到季克良身上。1985 年 3 月，茅台酒在巴黎舉辦的一場美食與旅遊活動中得了一個「金桂葉獎」，中國駐法大使去領了獎，這是新中國成立後茅台酒第一次獲國際獎項的金獎。消息傳回國內，廠裡上下自然都很高興。鄒開良在廠務會上說：「今年是茅台酒在巴拿馬萬國博覽會上獲獎七十周年，我們是不是可以弄一個大一點的紀念活動？」

鄒開良拿著報告跑去省裡彙報，時任貴州省省長王朝文突發奇想說：「紀念活動可不可以去北京的人民大會堂辦？」

茅台酒廠常年供酒北京，鄒開良跟人民大會堂管理局局長、行政

⊙ 1985 年 6 月 12 日，貴州茅台酒獲法國巴黎國際美食及旅遊委員會「國際品質金桂葉獎」。

⊙ 1986年9月18日，在北京人民大會堂開巴拿馬萬國博覽會獲獎七十周年、獲巴黎國際美食及旅遊委員會金桂葉獎一周年紀念會。

⊙ 1986年北京西苑飯店「茅台宮」開業典禮。

處長都很熟悉。具體的事宜張羅到1986年9月，還真的辦成了。主辦方是貴州省政府和輕工業部，茅台酒廠具體承辦。9月18日那一天，來了300多個嘉賓，包括若干黨和國家領導人，他們中的一些人正是當年三渡赤水的親歷者。

這是新中國成立之後，茅台酒的第一次品牌傳播活動，可以說起

點非常高。當時國內幾乎所有報紙、電視台和電台的主流媒體都進行了報導。它同時也開了人民大會堂承接商業活動的先河。

在籌辦紀念大會的同時，季克良還順便幹成了一件事情，他在北京的西苑飯店開了第一家茅台酒專營店「茅台宮」。很多年後，季克良還清晰地記得當年協助他辦成這件事的賓館經理的名字。

被養在「溫室」的痛苦

20 世紀 80 年代中期的茅台酒廠，一切看上去都順風順水的，產能焦慮緩解了，國際獎盃領回來了，品牌活動也辦得有聲有色，然而，就是有一個苦惱卻一直纏繞不去：企業利潤非常微薄。用鄒開良的話說就是：「茅台酒是一個討飯的王子。」

在茅台酒廠的歷史資料裡，專門有一段話記述了當年的情況：「從建廠到 20 世紀 70 年代，茅台酒廠的銷售在實行統購包銷的過程中，因執行國家高稅、商業厚利、工廠薄利的計畫政策，每調出一噸茅台酒，商業獲利 5000～6000 元，工廠僅獲利 60 元。」

「王子討飯」的原因，便是沒有銷售的權利。從合併建廠的第一天起，茅台酒的銷售權就在專賣機構手上，酒廠僅僅作為一個內部結算的生產單元存在。

回顧計劃經濟年代，茅台酒的出廠價（當年叫調撥價）模式，幾乎是所有國營製造企業的一個縮影。

在 1958 年之前，實行成本定價法，即工廠一年下來，把所有的生產和運營管理成本核算上報，專賣公司給一個留利比例。這個利潤率基本上為 0.65%～1%，也就是說，100 萬元的生產收入，最多可

以留 1 萬元的利潤。儘管十分可憐，但總是有利潤的。

1958 年之後，改為收支兩條線，即專賣公司定一個調撥價格，生產成本如何，它就不管了。於是很快，工廠就陷入了常年的虧損。

多年以來，酒廠與管道之間的利益分配一直就畸形得驚人，如酒廠歷史資料所記錄的，相差足足有 100 倍。

在 1951 年，專賣機構給酒廠的調撥價為每瓶 1.31 元，而專賣零售價為 2.25 元。30 年後的 1981 年，調撥價為每瓶 8.4 元，專賣零售價為 25 元。到 20 世紀 80 年代中期，在華僑商店和友誼商店的外面，茅台酒的黑市價格（這也是它在國內零售市場的公允價格）被炒到了 140 元，而出廠價還是 8.4 元。

這一筆帳還沒有把稅收考慮進去。到 1978 年扭虧為盈之前，酒廠連續虧損了 16 年，總虧損額為 445 萬元，然而，在這期間，上繳給國庫的稅金卻有 1307 萬元。

1978 年黨的十一屆三中全會召開以後，全國進行國營企業「放權讓利」試點改革。周高廉幾次跑省裡要求將茅台酒廠列入試點，但沒有被允許，理由是「茅台酒很特殊，而且酒類屬於專賣事業，先放一放再說」。到 1980 年，為了安撫酒廠，商業部門做出了讓步，每噸酒給予 1200 元的補貼，到 1983 年又增加到 7800 元。

在那一時期，企業承包制改革如火如荼，國家體制改革部門以「包死基數，確保上繳，超包全留，歉收自負」為原則。杏花村汾酒廠等酒企都享受到了這樣的政策，常貴明拼命擴大產能，其內在的動力便在這裡——多釀的酒都是計畫外的，可以自主銷售。而茅台酒廠因為外貿和外交的兩重特殊性，反而成了改革的「例外」。上級部門寧可給定額的補貼，也不願意給自主權。

⊙ 1980年陝西省副食服務公司銷售（調撥）發票，茅台酒調撥價為7.14元一瓶。

酒廠終於獲得一定的銷售自由，還是因為一個特別人物的「幫忙」。

1985年，中共中央顧問委員會委員、原海軍副司令員周仁傑中將「重走長征路」到了茅台酒廠，廠長鄒開良請他喝酒。喝到高興處，副司令員問：「廠裡現在有什麼困難嗎？」鄒開良說：「缺錢，很缺錢，非常缺錢。」副司令員的臉上就有些為難了。鄒開良乘機請他向上級請個願：「我們既不要錢也不要東西，能不能要一定比例的產品銷售權。」[2]

周仁傑回去後認真地幫酒廠辦這件事情，報告一直打到了國務院，到6月，輕工業部和貴州省政府辦公廳先後下文，允許茅台酒廠將超計畫部分的30%進行自主銷售。

這份文件一下，當年酒廠實現利潤576萬元，比上一年翻了一翻還多。

2　鄒開良，《國酒心》，人民出版社，2006年。

到 1987 年，隨著企業改革的深化，上級又從「籃子」裡拿出了一塊，允許酒廠自主調撥 40% 的計畫內任務。

當「鄒開良們」擠牙膏般地從計畫體制中爭取自主權的時候，誰也沒有料到，這只緊握的手會在某一天突然完全打開。

1988 年，中央政府推行物價改革，廢除「價格雙軌制」，宣布酒類價格全面放開，除了出口仍由中糧包銷，國內市場允許自由競爭。

掙扎了整整 37 年、一直哭著喊著要自由的茅台酒廠，就這樣突然被推進了市場的大海洋。到這個時候，它才發覺，其實自己並沒有為這一天的到來真正地做好準備。

15
到哪裡去賣茅台酒

> 無論最終結局多麼激動人心，
> 從優秀到卓越的轉變從來都不是一蹴而就的。
> ——吉姆・柯林斯，《基業長青》

「要買真茅台，請到此地來」

在很多年裡，對絕大多數的中國消費者來說，茅台酒是一個傳說。

人們在尼克森訪華的新聞照片中看到了茅台酒，在全國評酒會的榜單上又看到茅台酒，但是，在日常生活中，這種酒卻似乎並不存在，它與民間「絕緣」，只聞其名，難見其身。

作家葉辛是在弄堂裡長大的上海人，20世紀70年代末，他聽人說茅台酒「很不得了」，於是就想看看它到底長什麼樣子。當時的上海灘最時髦的地方是南京路的四大百貨公司，那裡「樣樣東西都有」。於是，葉辛跑到南京路，從路頭跑到路尾，逛遍了整條南京路上所有的百貨商店，在各家食品煙酒櫃檯上，就是沒有找到茅台酒。[1]

---

[1] 胡騰，《茅台為什麼這麼牛》，貴州人民出版社，2011年。

如果說「葉辛們」的問題是去哪裡買茅台酒；那麼「鄒開良們」的困擾卻是，去哪裡賣茅台酒。

　　儘管釀了這麼多年的茅台酒，酒廠上上下下好像從來都沒有見過喝茅台酒的人。

　　國內的酒通過糖酒公司賣，賣給了誰，酒廠當然不知道也不關心，外銷的酒通過中糧賣，更是找不到人。廣州每年有一個廣交會，是一年一度最大的外貿交易會，酒廠是沒有資格去參加的。有幾年，汪華等人就隨著盧寶坤去廣州，通過各種辦法混進去，也算是看了幾回熱鬧。1986 年，季克良在北京開了第一家茅台酒專營店，之所以選在西苑飯店，也是因為它的周邊有國家計委、財政部和建設部等主要部委，季克良想當然地認為他們就是茅台酒的主力消費者。

　　所以，當自由到來的時候，2000 多噸酒如何銷售，酒廠是完全沒有底的。唯一的自信是，咱們是「國家名酒」，沒有人不知道。

　　但問題是，1988 年「物價闖關」失敗，接下來是經濟不景氣和治理整頓。到 1989 年，《中共中央辦公廳、國務院辦公廳關於在國內公務活動中嚴禁用公款宴請和有關工作餐的規定》出臺，規定工作餐不准上價格昂貴的菜肴，不准用公款購買煙、酒。茅台酒被列入社會集體控制購買商品名單。用鄒開良的話說，有關規定裡的「高檔白酒」指的其實就是茅台酒。

　　1989 年，國家進行經濟調整，帶來市場疲軟，產銷失衡，茅台酒被列為社會集體控購商品。全國白酒價格放開，國家物價局將茅台酒價格調得很高，出臺有關規定，宴請外賓不准用高價位的白酒，實際是指茅台酒。因此茅台酒的銷售跌到了谷底，一向是「酒好不怕巷

子深」「皇帝女兒不愁嫁」的茅台酒,也出現了有史以來的第一次滯銷。[2]

幾乎是一夜之間,剛剛走向市場化的茅台酒全面滯銷,每瓶零售價從 208 元瞬間跌到 95 元。酒廠欲哭無淚,只好緊急打報告,請求各地糖酒公司的援救。

在商業部的協調下,3 月在遵義專門為茅台酒廠舉辦了一次協調會。當各地糖酒公司代表到遵義的時候,他們發現,馬路邊地攤上都在賣茅台酒,最便宜的只要 50 多元一瓶。商業部主管白酒業務的處長叫劉錦林,他陪著鄒開良從早上十點開始到深夜兩三點,與 30 多個省的公司代表一家家地談。三天談下來,訂貨量仍然寥寥。

「鄒開良們」終於嘗到了自由的苦澀,這一年的第一季度只銷出 90 噸酒。他回憶說:

茅台酒倉庫爆滿,流通受阻,資金匱乏。動力車間鍋爐房沒有煤了,鏟鍋巴煤救急;汽油儲存量不到二百斤;釀酒原料無錢購買,好的原料也因地方封鎖進不來,在武漢購買的五百多噸小麥,運到火車月臺上還給逼著退回去。真是火燒眉毛,急如星火。[3]

連商業部開協調會也解決不了,鄒開良只好自己去跑市場。在接下來的兩個月裡,他跟兩個同事自己開車,跑了廣東、福建和浙江的

2　鄒開良,《國酒心》,人民出版社,2006 年。
3　鄒開良,《國酒心》,人民出版社,2006 年。

十多個城市,行程有幾千公里。

鄒開良簽下第一份城市代銷協議是在廈門。

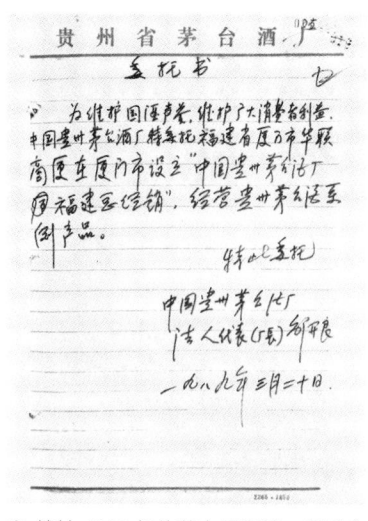

⊙ 簽於 1989 年的茅台酒廠第一份城市代銷協議

委託書

為維護國酒聲譽,維護廣大消費者利益,中國貴州茅台酒廠特委託福建省廈門市華聯商廈在廈門市設立「中國貴州茅台酒廠福建總經銷」,經營貴州茅台酒系列產品。

特此委託

中國貴州茅台酒廠

法人代表(廠長)鄒開良

一九八九年三月二十日

在廣州的友誼商店洽談時,商店的人抱怨說,茅台酒價格太高,假冒產品又多。鄒開良就向他建議說:「要不我來出錢,你們替我們打一個廣告。」

不久,廣州市沿江路的華僑友誼公司大樓掛出了一塊看板:「要買真茅台,請到此地來。」

這是茅台酒廠建廠以來的第一個廣告。

就這樣,在最困難的 1989 年,鄒開良親自帶隊跑市場,在各個中心城市建立了 21 個代銷點,它們居然完成了三分之一的自銷產量。

⊙ 茅台酒廠參加成都秋交會時的宣傳。　　⊙ 1988年12月茅台酒廠參加首屆中國食品博覽會。

到年底，酒廠生產了1727噸酒，比前一年還增長了32%，銷售額首次突破了1億元。

到20世紀90年代初，成都舉辦全國糖酒商品交易會，這是國內食品行業最大規模的訂貨會，在此之前，它與茅台酒無關。這一次，鄒開良派出副廠長宋更生前去參加。宋更生咬咬牙，提出要3萬元的宣傳費，鄒開良說：「我給你5萬元，不夠的話還可以多花點。」宋更生到了成都，請了一支宣傳隊，親自背著彩帶，開著帶大喇叭的宣傳車，在成都遊街走巷，同時還租了幾個空飄氣球，幾公里外就能看到。

「皇帝的女兒」就這樣毫無懸念地跌到了民間。

事實上，在未來的三十多年裡，茅台酒仍然將遭遇一次又一次的政策打擊、滯銷跌價、經銷商流失更換，而每一次的危機，都逼迫著企業走出舒適區，迎來新一輪的應戰變革。從這個意義上說，所有的創新都是危機倒逼的結果。

飛天商標的隱患

如果說宏觀政策環境的突變，是茅台酒踏上市場之路遇到的第一場倒春寒，那麼也是從那一天起，有一個更兇險的隱患一直潛伏在茅台酒的身上，那就是商標權的缺失。

1958年，飛天商標誕生。根據當年的協定，商標由中糧設計和註冊，酒廠負責印刷製作。當年誰也沒有覺得這個協議有什麼毛病，然而隨著市場化的啟動，這竟成了茅台酒廠最大的軟肋。

在當代企業史上，一個地域特產的商標被外貿機構佔有而引發的競爭性事件，並非孤例。在計劃經濟年代，紹興黃酒是最大的外貿酒品種，它每年的出口量是茅台酒的10倍以上。也是在1958年，中糧註冊塔牌，以此為商標出口黃酒。20世紀90年代之後，紹興試圖要回塔牌商標，而中糧總公司把商標給了浙江分公司，並在紹興獨立建廠。雙方幾度談判，始終無果，當地黃酒企業先後創建了會稽山牌和古越龍山牌與之競爭。

相比塔牌，飛天的命運更加曲折：中糧在中國香港及37個國家註冊了「飛天」和「貴州茅台酒」商標。1974年，中糧廣西分公司在中國內地註冊「飛天」。1981年，廣西分公司又把商標權移交給了總公司，到1984年，總公司下放管理權，飛天商標落到了貴州分公司的手上。

進入市場經濟時代後，茅台酒的外貿比例快速下降，而國內市場的價格超過國際市場，出現飛天牌茅台酒回流的現象。與此同時，因為外貿產品在當年的消費者心目中高人一等，茅台酒廠也開始用這個商標在國內展開銷售。

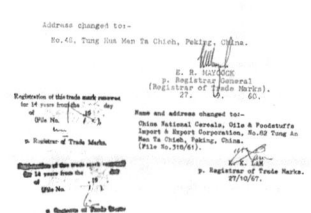

⊙ 茅台酒飛天商標在香港註冊。

　　於是，矛盾激化，兩方紛紛向上級舉報對方違約。與此同時，中糧貴州分公司效仿浙江同事的做法，在貴陽等地尋建新的茅台酒生產基地，試圖與茅台酒廠徹底切割。後來的十多年中，中糧貴州分公司還將飛天商標多頭質押貸款，因經營不善，造成巨額資金違約。中國銀行貴州省分行曾向法院申請訴訟保全，中國工商銀行貴州分行、長城資產等債權人也曾多次向法院申請查封飛天商標。

　　商標權的隱患一直困擾了茅台酒廠很多年。2001 年，茅台酒廠在上海證券交易所掛牌上市，在招股說明書中，這仍然作為一個「重大提示」被特別警示出來。一直到 2011 年 10 月，在貴州省高級人民法院的主持下，茅台酒廠與各債權人達成《執行和解協議》，以有償轉讓的方式最終獲得了飛天商標的國內註冊專用權。

　　今天，曠日持久的飛天商標糾紛案已成為商學院智慧財產權課程中的一個經典案例，生動地折射出中國企業在從計劃經濟向市場經濟轉型的過程中所遭遇的種種體制性困擾。

而今邁步從頭越

　　如果有可能，在 1995 年前後，你來到茅台鎮，站在赤水河畔，從毛澤東當年渡河的黃桷樹下，眺望對岸楊柳灣的茅台酒廠，你會看到，三個老車間和一個新車間都呈現出繁忙的景象。在 1991 年，酒廠再次啟動擴建工程，五年後完成，到 2000 年，產酒量擴大到了 6000 噸，當時的產能瓶頸基本消除。

　　歷史總是在曲折中一再地演變，然後讓事實呈現出新的內涵和面貌。當年提出的「搞它一萬噸」茅台酒，被酒廠的決策者們設定為企業擴張的核心目標，它的激勵和標誌意義，已全然超出了當年的敘述語境。

　　1995 年，在鹽津河大橋北端，酒廠出資修了一座四柱三門、牌樓亭閣式的「國酒門」，高 18.6 米，寬 23.8 米。在旁邊的小山坡上，還豎起了一個高達 31.25 米、直徑 10.2 米的巨型茅台酒瓶，它能容納 293.8 萬瓶一斤裝的茅台酒。巨型酒瓶前立一花崗岩石碑，上書「天下第一瓶」五個行楷大字。酒廠為它申請了一個「世界最大的實物廣告」的吉尼斯紀錄。

　　那是一個敲鑼打鼓的行銷年代，酒瓶大就意味著力氣大和影響大。也是在那幾年，宜賓的五糧液也修了一棟酒瓶形狀的大樓，高達 74.8 米，同樣申請了吉尼斯紀錄。今天的年輕人若去看，總覺得既奇怪又突兀，而如果回到時代背景下，是當時人們順理成章的創意。

　　從剪報資料看，茅台酒第一次被中央級媒體稱為「國酒」，是在 1991 年。那年 2 月 7 日，新華社的一篇介紹茅台酒獨特香氣的新聞通稿使用了《「國酒」茅台酒香之謎新解》這樣的標題。此後，「國

酒茅台」便成了酒廠自我宣傳以及很多媒體在報導中使用的名詞。在後來的十多年裡，隨著市場競爭的日趨激烈，圍繞著「國酒」的使用權以及「誰才是開國大典用酒」等，各大酒企展開了曠日持久的爭論。「國酒」之爭，要到2019年才塵埃落定，而「開國大典用酒」之爭，則恐怕要待本書出版之後，方可能被釐清。

⊙ 1982年《中國民航》封面廣告。從1975年開始，乘坐中國民航國際航班頭等艙的旅客可以獲贈茅台酒一小瓶，獲飲茅台酒一小杯，這項服務一直持續到20世紀80年代末。

無論如何，這是一家不錯的企業，從計劃經濟的藩籬中掙脫了出來，產品品質穩定，管理井井有條，企業領導者正當盛年，雄心勃勃。1993年，茅台酒廠獲得全國優秀企業「金馬獎」，鄒開良獲第五屆全國優秀企業家「金球獎」。

儘管如此，你可能還是很難想像，二十多年後，茅台將成為中國市值最高的製造企業，而且將超過帝亞吉歐，成為全球市值最高的烈酒公司。

這是一次從優秀到卓越的偉大歷程。正如吉姆‧柯林斯在《基業

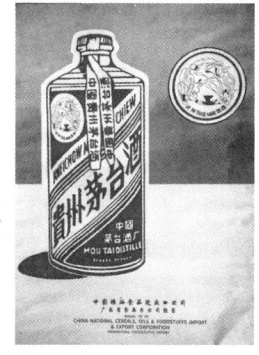

⊙（左）20 世紀 50 年代的「飛天茅台」廣告，這也是現存能看到的最早的「飛天茅台」影像廣告之一。
（中）20 世紀 50 年代末至 60 年代初中糧打出的「飛天茅台」廣告。
（右）1989 年在《釀酒科技》雜誌刊登的封面廣告：國酒茅台，玉液之冠。

長青》中所感慨的，「無論最終結局有多麼激動人心，從優秀到卓越的轉變從來都不是一蹴而就的。在這一過程中，根本沒有單一明確的行動、宏偉的計畫、一勞永逸的創新，也絕對不存在僥倖的突破和從天而降的奇蹟」。

後來被視為「奇蹟」的這家企業，其實經歷了無比痛苦和曲折的成長，這是一個不斷蛻變和超越自我的過程，充滿了必然與偶然的衝突。如果從 1862 年成義燒房的建立算起，它已經是一個百年老企業了，如果從 1953 年的三房合併算起，它也已經年過不惑。在過去的那個時期，它完成了對產品的品質定型，並且創造出「香型」這一新的行業評價標準。它是全行業定價最高的產品，有著其他品牌難以複製的國家記憶。它也搭建完成了現代企業制度的基本架構，告別了作坊式的傳統管理。

從現在開始，它將接受一場市場競爭的大考。

⊙ 1995年建造的巨型茅台酒瓶。

如果從這個角度來俯瞰，茅台酒廠仍然有種種短板和缺陷——在1995年，它甚至都沒有組建自己的銷售公司，它的品牌勢能是一個「傳說」，並沒有經受真正的消費者考驗。而從行業和外部環境而言，它也並不處在很有利的位置，甚至可以說是四面楚歌，困境重重。

價格與產品——高昂的定價是茅台酒的優勢壁壘，同時也是它親近更廣泛消費群體的障礙。在未來的很多年裡，它將在價格梯度和單品與多品的抉擇中搖擺和彷徨。

管道的新建——在廣袤的中國市場，管道模式的創新以及長期利益共同體的維護，從來是消費品制勝的核心能力之一。作為一個管道新手，尤其是靈活性遠遠不如民營公司的茅台酒廠，在這一方面將經受持續的考驗。

地域性品類的困擾——如同龍井茶、景德鎮瓷器一樣，茅台酒是

一個地域性的品類,並非茅台酒廠所獨享。它如何擺脫了前兩者迄今未予破解的難題,而具備了獨一無二的品類統治能力?

烈酒與年輕化——在全球酒類消費中,烈酒的比例從來沒有超過10%,尤其是在年輕中產群體中,啤酒、葡萄酒乃至日本清酒佔有更高的市場份額。茅台酒如何在中國市場擁有了廣泛而忠誠的中產消費群體?

政策的限制——在計劃經濟時代,茅台酒的國內消費絕大部分來自公務公款市場,它在1989年第一次進入「公款消費限制清單」,而這僅僅是類似限制的開始,到2022年,來自公務購買的金額只占到了其全部營收的3%以下。這一改變又是如何發生的?

資本的偏愛與圍獵——因為強勁的核心競爭優勢,茅台酒在2015年之後成為資本市場的寵兒,甚至有「茅指數」之稱。對一家消費品公司而言,這很可能產生畸形的影響力和隨時可能被放大的做多或做空效應。它又是如何形成了自己的資本定力?

在整個20世紀90年代,這些課題並沒有一次性地攤在「鄒開良和季克良們」面前,它們將在不同的時期,以出人預料的方式呈現。而對它們的解答,構成了這個中國高檔消費品品牌的全部成長謎底。

16
亂世定力

> 企業在任何細分領域內優化價值活動的能力，
> 往往會因目標不專一而減弱。
> ──邁克爾·波特，《競爭優勢》

五糧液對汾酒的戰勝

改革開放初期的 20 世紀 80 年代被稱為商品經濟時代，所有的消費品都極度短缺。在這一時期，規模為王道，只要能夠快速擴大產能，提高勞動積極性，生產出合格的產品，就可以毫無懸念地成為一代英雄。常貴明在汾酒取得的成功便是最生動的案例。而進入 90 年代之後，產能的瓶頸已被突破，市場經濟時代到來，銷售替代製造成為新的制勝能力。只要能快速地攻佔遼闊的城鄉市場，「王侯將相，寧有種乎」。

從規模為王到管道為王，再到品牌為王，這是產業發展必經的三個階段，白酒業亦不例外。

20 世紀 90 年代，汾酒跌落，五糧液崛起，本質上便是戰略模式反覆運算的結果。

五糧液酒廠地處四川宜賓。先秦時期，這裡也是遠離華夏中原的西南蠻荒之地，被僰人統治，曾有「僰侯國」。茅台人引以為造酒之

溯源的「枸醬」，也有人考據是出自宜賓下屬的長寧縣。

宜賓造酒始于明初。在五糧液公司的一個宴賓廳裡，懸掛著一塊「長髮升」燒房的匾額，旁署「洪武元年」，即1368年。我曾問五糧液人，這是原物還是後世仿製，眾人皆笑而不答。

長髮升遺址迄今猶存，在宜賓市的鼓樓街，一樓一底，縱分三進。後面的燒房面積約100平方米，有兩列地穴式酒窖，長約一丈，寬五尺，深四尺。旁有一個酒甑。爐膛在地下，膛上安一大鍋，鍋邊與地平。甑上懸一「天鍋」，置有錫製的荷葉托，托下有一根彎管，穿甑壁而出。蒸酒時，用木棒攪「天鍋」裡的水，使其儘快冷卻。當地人把這種蒸餾合一的酒甑叫作「天鍋地甑」。

宜賓當地的燒酒原名雜糧酒，五糧液品牌的出現比茅台酒要遲。據記載，1929年，宜賓雷姓官員大宴賓客，北門外順河街的利川永燒房掌櫃鄧子均攜酒祝賀，席間酒香四溢。舉人楊

⊙ 1979年貴陽市糖業煙酒公司發放的供應票，茅台酒需要憑票購買。

惠泉提議：「如此佳釀，名為雜糧酒，似嫌凡俗，既然是五糧釀成，何不更名五糧液？」鄧子均聽者有意，回去後就用了這個酒名，到1932年，申請了五糧液商標。

1951年，宜賓當地的長發升、利川永等燒房合併，成立「大麴聯營社」，生產五糧液、提莊和尖莊大麴。它的組建歷史無論在形式還是在時間上，都與茅台酒廠十分近似。

五糧液一舉成名，是在1963年的第二屆全國評酒會上，它擊敗汾酒、茅台酒等列雄，得分名列第一。1985年，五糧液的年產酒量為440噸，是茅台的三分之一；而這一年，汾酒的產量已突破8000噸。

然而到1990年，五糧液的產量猛增到1萬噸，這一速度讓茅台酒望塵莫及。究其原因，還是在於技術上的突破。

自從「茅台試點」發現了濃香型白酒的主體香為己酸乙酯以後，到20世紀70年代中期，周恒剛團隊已經研製成功人工合成己酸乙酯香精；同時，他和熊子才等人開發出「人工培育老窖」新技術。這兩大突破，使得濃香型白酒的釀製勾兌和造窖成本大幅度下降，原本只出產於四川的濃香型白酒得以遍地開花。歷10年左右的時間，濃香取代清香，成為第一大白酒品種。

五糧液崛起的背後，也站著一位傳奇人物，他便是當代白酒史上與常貴明、季克良齊名的企業家王國春。他從1985年起擔任五糧液酒廠廠長，一直幹到2006年退休，掌舵時間長達21年。

在迅猛擴張產能的同時，王國春尤為成功的是他的市場行銷和產品矩陣戰略。

早在1990年，五糧液便開始籌建銷售公司——比茅台酒廠早了整整8年——在全國各省市尋找經銷商，從而迅速建立起了獨立於國

營糖酒公司體系的專屬銷售管道。與此同時，王國春以52度五糧液（市場稱為「普五」）為主打產品，相繼開發出五糧春、五糧醇、五糧紅、五糧夢、金六福、瀏陽河等系列產品，加上低價位的尖莊大麴等，構建了一個由數百子品牌組成的龐大矩陣。這一戰略為消費者的購買提供了多樣化的選擇，在市場粗放、消費饑渴的20世紀90年代發揮出強大的動銷勢能。

1989年，五糧液把每瓶零售價拉到30元以上，超過瀘州老窖，在濃香型陣營中躍居第一。1994年，五糧液售價超過汾酒，並在當年年底的全國白酒利稅排行榜上，將盤踞了三十多年的「汾老大」一把拉下。到1996年，白酒利稅榜前三名是清一色的濃香型品牌——五糧液、古井貢酒和瀘州老窖，汾酒落到第八位。從此，開始了長達15年的濃香型白酒和五糧液時代。

酒鬼與秦池的逆襲

如果說，五糧液是「國家名酒」陣營中的新王者，那麼在20世紀90年代中期，還有一些新銳的白酒品牌平地崛起，成為市場的弄潮兒。它們是那麼的陌生，突如其來的攻擊與超越，讓茅台人產生了巨大的焦慮。

1993年，市場上突然冒出一個叫「酒鬼」的白酒品牌，一舉把零售價定在280元一瓶，超過了茅台酒。這是之前從來沒有酒企敢於嘗試的冒險行動。

這款酒出自湖南湘西自治州吉首市的一家酒廠。這家酒廠之前默默無聞，出產的湘泉酒在湖南市場銷售，價格為10多元一瓶。1988

年，湘西名人黃永玉回鄉，酒廠廠長王錫炳請他設計一個酒瓶。黃永玉以當地土陶瓶為原型，畫出一款造型十分奇特的瓶形：像一塊粗麻布用麻繩紮成口袋狀，正面中間貼一塊紅紙，上寫「酒鬼」兩字，背面有一方紅泥印章「無上妙品」。

季克良回憶說，1992 年的時候，國內一些酒企去法國波爾多參加一場國際酒展。他在那裡第一次見到了酒鬼酒，當時就覺得它的包裝很吸引人，問了一下國內的售價，是 48 元一瓶，沒有料到，僅僅不到一年，它的價格猛然提到了 200 多元。「這太讓我吃驚了。」他說。

為了推廣這款「中國第一高端白酒」，王錫炳組建了一支 600 人的銷售隊伍，在國內各大五星級酒店租下中庭位置，專門陳列酒鬼酒，而在此之前，只有珍貴文物或世界名表才用這樣的展示方式。王錫炳的高定價冒險策略取得了成功，到 1996 年，酒鬼酒實現銷售收入 3.49 億元。1997 年，酒鬼酒在深交所上市，公司市值 42.5 億元。

相比酒鬼酒，更讓茅台人大開眼界的是秦池酒。

秦池酒廠是山東省臨朐縣的一家酒廠。1995 年 11 月，廠長姬長孔參加中央電視臺黃金時間的廣告競標會，在有 134 家中外大品牌參與的激烈角逐中，以 6666 萬元一舉拿下「標王」，成為一個全國性的轟動事件。白酒業成為全國關注的熱點，秦池奪標是一個重要的標誌。它符合當時人們對商業的所有想像：奇蹟是可以瞬間誕生的，羅馬是可以一日建成的，膽大可以包天，想到就能做到。

在奪得「標王」後，秦池的知名度一夜暴漲，迅速成為中國最暢銷的白酒，1996 年實現銷售收入 9.5 億元，利稅 2.2 億元，比中標前整整增長了 5 倍以上。這一年 11 月，姬長孔再度豪氣綻放，以讓人

⊙「標王」在此刻誕生：秦池掌門人姬長孔（前排左一）接受媒體採訪。

瞠目結舌的 3.212118 億元蟬聯「標王」。記者問姬長孔：「秦池的這個投標數字是怎麼計算出來的？」他豪爽地回答：「我也沒怎麼算，這就是我們廠辦的電話號碼。」

季克良是在 1997 年年底去的秦池。他到北京經貿委開一個會，有領導委婉地批評「茅台太慢了」，建議他去秦池學習一下。

「我也不認識什麼人，就請一位元山東的代理商陪我去臨朐。到酒廠門口的時候，發現外面拉貨的車排成了長隊，什麼車都有，大貨車、小汽車，還有馬車。我印象最深的是，迎面撲來一股薯乾發酵的氣味。」

姬長孔聽說茅台的季克良來了，當即中止了正在開的會，抽身來接待。季克良問了他兩個問題：

「為什麼是 3 億元？」

姬長孔回答：「如果不投，廠子會死掉。」

「你的錢從哪裡來的？」

答：「只要把秦池兩個字弄得全國人民都知道。」

季克良一行人在廠區裡逛了一圈，就離開了。「臨走前，他們讓我題個詞，我寫什麼好呢？說『好』不行，說『不好』也不行，我就祝賀他們得了『標王』。」

彷徨中的多元化嘗試

在令人炫目的市場競爭氛圍中，茅台酒廠決策層一直在彷徨中不斷地嘗試。

1992 年 3 月，茅台酒廠提出「一業為主，多種經營」的戰略構想：以釀製茅台酒為主，同時研製釀造茅台葡萄酒、茅台啤酒，以及濃香型品種等，並逐步進入金融資本、旅遊等市場進行多種經營。在 1993 年的年終大會上，這一戰略進一步被總結為「產供銷、內外貿、旅遊一體化」，要「做好酒的文章，走出酒的天地」。

根據季克良的講述，茅台酒廠試圖「多幾條腿走路」的想法，早在 20 世紀 80 年代就有了：「當時的茅台酒都被糖酒公司和中糧包走，我們想弄一些自己能做主的自留地。」1985 年，季克良自告奮勇，帶了一支研發小組進行茅台威士忌的研製，這個項目消耗了他很多的精力。

從現有的資料看，「一業為主，多種經營」的戰略確立後，第一個專案是 1992 年 5 月成立的貴州茅台礦泉水有限公司；1992 年 8 月，茅台酒廠又與一家香港公司合資成立茅台威士忌有限公司；1996 年 7 月在貴陽市投資生產獼猴桃系列飲料；1997 年辦了保健品飲料開發公司；1998 年收購了一家啤酒廠，生產茅台啤酒；2001 年在河北昌黎收購了一個葡萄酒基地，推出茅台葡萄酒。據季克良回憶，當時貴

州省想發展新經濟，經省裡牽頭，茅台酒廠還參與投資了一家半導體企業，幾年弄下來，兩億多元打了水漂。

這些投資項目都是試圖以茅台品牌為勢能，實現多元化的戰略發展。事實證明，它們要麼花開無果，先後被中止清算；要麼艱難存活，都沒有達到預期的目標。

唯一成功的是 1998 年對習酒的兼併。這家酒廠當時有 4000 名員工、8.2 億元的負債，已瀕臨破產。茅台酒廠出資收購後，重建技術和銷售團隊，使之死而復生。到 2020 年，習酒銷售破百億元，在貴州省國資部門的指導下，2022 年從茅台集團整體剝離，實現「單飛」。在扶持習酒的二十多年裡，它與其他項目最大的區別是，它做的還是醬香型白酒，而且沒有使用茅台品牌。

⊙ 茅台威士忌。

定力之一：堅守固態法釀酒

除了來自市場競爭的壓力，還有一個令茅台糾結了很多年的困擾：到底是走自己的傳統之路，還是跟著國家政策一起創新。

從 20 世紀 60 年代到 90 年代的 40 年裡，中國白酒業的發展主題是工業化和低度化。為了降低糧耗，實現低成本發展，酒業頂級精英們幾乎全數撲上，其成果便是研發出了「液態法白酒」製造工藝。

液態發酵製酒相對於固態發酵，顧名思義就是用調製的辦法生產白酒。秦含章在《現代釀酒工業綜述》中一言蔽之：「採用現代生產酒精的方式釀製白酒，稱為『液體化白酒』。」而大學通用教材《發酵工業概論》裡更明確地寫道：「是採用類似生產酒精的辦法生產白酒。」

　　早在1962年，輕工業部就動議「利用酒精兌製白酒」，熊子書受命與上海香精廠合作研究這一課題。在一年後的第二屆全國評酒會上，試製樣品被10位評委嘗評，平均得分82.1分，居然高於很多固態發酵的傳統白酒。

　　1966年，熊子書又在山東臨沂的酒廠試點，用90%的液態酒精與10%的固態香醅進行兌製，發明了「串香法」；接著，青島的酒廠以飲料酒精為主原料，配入白酒中部分香料，發明了「調香法」。至此，液態法白酒工藝宣告成功。

　　與傳統固態發酵的白酒相比，液態法白酒有兩個明顯的優勢。其一是原料的多樣化，凡是含有澱粉和糖類的植物都可成酒，如玉米、土豆、山藥、紅薯、甘蔗、甜菜和蜂蜜等，因此釀酒不再受原料和地域的限制。其二，因是工業化調製，完全不受節氣的影響，工藝簡潔明快，製酒時間大為縮短，更關鍵的是，生產成本呈幾何級下降。與熊子書同為液態法白酒研製大師的沈怡方曾總結說：「如有10噸固態法白酒生產能力，就可以搞出100噸以上的新型白酒。」

　　在「液態法白酒」工藝問世之後，「文化大革命」就爆發了，整個國家陷入十年的混亂和動盪。到20世紀80年代，白酒產業才重新回到正常的軌道。1987年3月，國家經委牽頭在貴陽召開全國釀酒工業增產節約工作會議，提出白酒行業的四個轉變：高度酒向低度酒

轉變,蒸餾酒向釀造酒轉變,糧食酒向果類酒轉變,普通酒向優質酒轉變。

會議紀要中有幾條明確而具體的要求,比如,「力求全國至少要有三分之一的白酒產品降下酒度10度」「迅速大力研製和生產40度以下的低度白酒」「發展利用食用酒精採用串、調、勾法製造白酒的生產」。

「貴陽會議」的定調,影響了後來20年中國白酒產業的發展路徑和格局。1987年,全國年產白酒約400萬噸,到1994年,年產量達到560萬噸,其中液態法白酒約280萬噸,占了半壁江山。

20世紀90年代中期,全國進行稅制改革。在此之前,白酒的產品稅為35%;稅改之後,傳統固態法白酒需按照銷售收入繳納25%的消費稅,而液態法白酒則只需繳納10%。這一稅制安排,帶有明顯的政策驅動導向,進一步刺激了液態法白酒和低度白酒的擴張。

在這一行業趨勢之中,恪守傳統釀酒工藝,被認為是落後意識的體現,而茅台恰恰是其中最「頑固」的代表。季克良跟我講過一件往事:「當時很多濃香型酒的酒廠都有酒精廠或酒精車間,把人工合成的香精在白酒中勾兌,可以快速地擴大產能。有一次,一位北京部裡的領導來茅台考察,想去我們的酒精車間看一下。我說,茅台沒有酒精車間,我們一直固態發酵,以酒勾酒,不加水也不加酒精。領導一聽就不高興了,說我們太保守。」

定力之二:堅持品質第一原則

「老季這個人還可以,就是像小腳女人一樣,邁不開步子。」很

多年後,季克良還記得省裡一位領導對他的這個評價。

20世紀90年代中期,貴州要發展經濟,能抓的東西不多,當時就提出「雲南有煙,四川有酒,貴州有煙酒」,要在這兩個產業整出大動靜。在歷次全國性的品酒活動中,被評上「部級名酒」的貴州白酒就有近50種,所以,貴州一度出現了各家酒廠產能大競賽的景象。

當時跑在最前面的是安酒和習酒,它們在1994年前後產能都超過了1萬噸。其中,習酒最為激進,掌門人陳國星提出要建「百里酒廊」。一位老茅台人回憶說:「從習水到仁懷,就是50多公里,陳國星是要把酒廠一直建到茅台鎮來。那時候,鄒開良和季克良的壓力是特別大的。」

季克良對我說:「當時,企業應以效益為中心的說法提得很響,但我不完全這樣認為。我始終堅持,即使在市場經濟下,品質仍是企業工作的中心。只有如此,才可能獲得真正長遠的效益。很難想像,如果品質下去了,我們口頭成天講的千百個效益,會有什麼實質的意義。

⊙ 20世紀90年代,茅台酒供不應求,圖為購酒人員排隊批酒。

「我認為，能夠長期存在的企業，品質一定是第一位的。所以我當時提出：在發展速度和發展品質的關係上，速度必須服從品質；在產量和品質的關係上，產量必須服從品質；在成本效益和品質發生矛盾的時候，成本必須服從品質；工作量也必須服從品質。只要品質好了，產品就不愁賣不出去。」

要增加茅台酒的銷售量，除了增加產能，還有一個辦法，就是多生產品質不是很高的低度酒。茅台酒要經過七輪次取酒，其中第一輪次的酒占比 7%，而最後被勾進成品酒裡的只有約 2%。所以，只要把這些基酒利用起來，就能把量打上去。但是，這個提議也被鄒開良等人否決了。

茅台人的「頑固」，在規模優先的時代，當然就被認為不符合形勢的要求，有一個時期，一度傳出上級要把陳國星調到茅台酒廠當廠長的傳言。

即便已經過去了幾十年，季克良在回顧那段歷史的時候還是非常感慨。有一次，他去省裡開產業發展大會，輪到他發言，他又開始大談「速度必須服從質量」的觀點。會議結束後，領導把他叫到一邊，臉色嚴峻地一頓狠批。他默默地聽完，然後對領導說：「我接受批評，但堅決不能改，下次不這麼公開講。」在近年的一次媒體訪談中，回憶起這段往事，季克良說：「只要把道理、思考的問題和政府說清楚，他們也是很理解的。站在政府的角度，他們批評我兩句，我感到理解，但是我站在我這個角度感到不應該的，就還是按我的方法指揮企業。」

所有與季克良有過接觸的人，都會留下一個印象：這是一個看上去很溫潤隨和的人，但是他的骨子裡其實十分固執，一旦認定了原

則，幾乎不可能攻破。而在「品質第一」這個原則上，這種固執又體現在每一個茅台人的性格中。

定力之三：堅定超級單品戰略

日後來看，茅台最終的成功，得益於四個「堅持」：堅持固態發酵，堅持高度白酒，堅持高價策略，堅持超級單品。

2022年，貴州茅台酒股份有限公司實現營業收入1,241億元，其中，茅台酒的營收為一千多億元，占總收入的85%以上。這一比例，自2004年之後幾乎沒有太大的波動，正負在3%以內。

我問季克良：「茅台的這四個『堅持』是什麼時候定型的？尤其是以53度茅台酒為中心的產品矩陣又是如何決策的？」

他回答：「我們因為『笨』，所以總是跟不上別人的快和變，久而久之，就只能老老實實地走自己的路。最終是消費者告訴我們，他們喜歡什麼，我們應該怎麼做。」

事實上，就如同多元化嘗試一樣，茅台也在低度酒上進行過很久的努力。1985年，季克良率頭進行38度茅台酒的研製；1992年，酒廠又開發出43度、33度茅台酒。

最終，市場證明，消費者最樂於接受的、他們心目中「真正的茅台酒」，應該是53度的。

我又問季克良：「為什麼定在53度，而不像五糧液、瀘州老窖或汾酒那樣定在52度？」

他順手拿過一張紙，給我寫了一個公式：53.94毫升的酒精加49.83毫升的純水，容積不是103.77毫升，而是100毫升。這證明，

在酒精濃度為 53 度時，酒精分子和水分子結合得最為牢固。因此，53 度的醬香型白酒在口感上最為綿軟、柔和，很少有刺激性。[1]

圍繞著「普茅」，茅台酒也形成了自己的系列產品和價格矩陣，然而，它執行了與五糧液完全不同的策略。

五糧液產品矩陣以數量取勝，而且價格帶非常寬泛，從上千元的產品到八、九元的尖莊不等，最多時居然有 1000 多個子品牌，其中「普五」是價格的頂尖支撐。其產品矩陣為「一主多僕型」，它的優勢是產品適用面極其廣泛，利於在短時間內攻佔櫃檯，收穫業績，但是從中長期看，卻可能造成對品牌價值的稀釋。而它後來之所以被茅台超越，這個戰略上的軟肋是一個非常重要的原因。

相比五糧液，茅台把「普茅」作為中軸，在其之下，只安排了漢醬酒（2005 年）、茅台王子酒（1999 年）、茅台迎賓酒（2001 年）和茅台 1935（2022 年）與中高檔白酒抗衡，而更多的系列產品全數佈局在「普茅」之上，其產品矩陣為「橄欖形」。

這一模型最大的優勢，是守住了消費者對茅台品牌的心智底線。

正如傑克・特勞特在《定位》一書中所揭示的，品牌延伸最大的風險是「打破了人們心目中你是『最好的那個產品』的印象」，因為「真正進入人心智的根本不是產品，而是產品的『名字』，即產品特性」。

---

[1] 早在 20 世紀 70 年代末的一次報告中，周恒剛便提出，把茅台酒定為 53 度較為科學，這一度數的茅台酒是乙醇分子和水分子達到最大締合度的結果。

陳年酒、訂製酒與生肖酒

在茅台的橄欖形產品矩陣中,居於「普茅」之上的系列產品,分別是陳年酒、訂製酒、生肖酒和二十四節氣酒。它們不但在品牌上不斷拉升茅台的價值空間,甚至孵化出了溢價的收藏品市場。

早在1986年,茅台酒廠便有過高端化的嘗試。鄒開良回憶說:「有一次去法國考察,在波爾多葡萄酒廠品嘗了若干陳年酒,它們的價格比其他葡萄酒高幾倍甚至十幾倍。這次品嘗引起了我的思索,茅台酒為什麼不研製開發年份長的高檔酒呢?」

歸國後,鄒開良主導開發出「珍品茅台」酒,用陳年茅台勾兌,售價高達150元,是當時普通飛天茅台酒出廠價9.54元的15倍多。它的包裝還獲得了「亞洲之星」包裝獎。

根據季克良的說法,他也很早就萌生了做陳年酒的想法:「1987年,當時分管糧食的國務院副祕書長來廠調研糧食需求,我就匯報了一個想法:「可否向西方學習,開發陳年酒。他表示支持,但當時條件不具備。」

1991年初冬,季克良赴法國科涅克(Cognac,又譯作「幹邑」)和英國英格蘭,分別考察白蘭地和威士忌的生產工藝。這次行程給他乃至茅台酒的發展帶來了兩個重要的啟發:法國政府對白蘭地和葡萄酒的「法定產區」(AOC)保護,啟發了他後來提出「茅台酒原產地」的概念,而英法名酒的陳年酒模式,更是令他大開眼界。

1995年,茅台酒嘗試性地推出了三十年、五十年和八十年茅台酒,其中,八十年茅台酒的酒瓶用宜興彩陶,外盒採用東陽木雕,內裝由上海製幣廠生產的金幣,並配有銅製酒杯。1996年,更為普及

的十五年茅台酒問世。

陳年茅台酒的釀製規則與西方的白蘭地、威士忌全然不同。後者的「年份」指的是當年度釀儲的酒，而前者則指的是勾兌過程中加入了該年份的陳酒，比如，三十年茅台酒是由貯藏三十年及以後不同年份的陳酒勾兌而成的。

茅台是全國白酒訂製的先行者。早在1997年香港回歸之際，茅台就訂製了1997瓶香港回歸紀念酒，開白酒訂製

⊙（上）1986年「珍品茅台」獲得「亞洲之星」包裝獎。
（下）設計師馬熊與他設計的茅台酒瓶。

之先河。2001年，茅台開始為香港國酒茅台之友協會訂製專用酒，並逐漸面向更多的終端消費者，按照用戶要求，每年為企業、團體和私人訂製幾十個產品。在後來的二十多年裡，每逢重大紀念日或國家活動，如新中國成立五十周年、北京奧運會、上海世博會、改革開放三十周年等，茅台酒都推出了紀念款產品。直到2019年，為加強品牌管理，訂製酒業務被中止。

在所有的茅台酒中，紀念酒的價格漲幅最大，皆因它具備紀念屬性和不可複製的稀缺性。在西泠印社2019秋季十五周年拍賣會上，

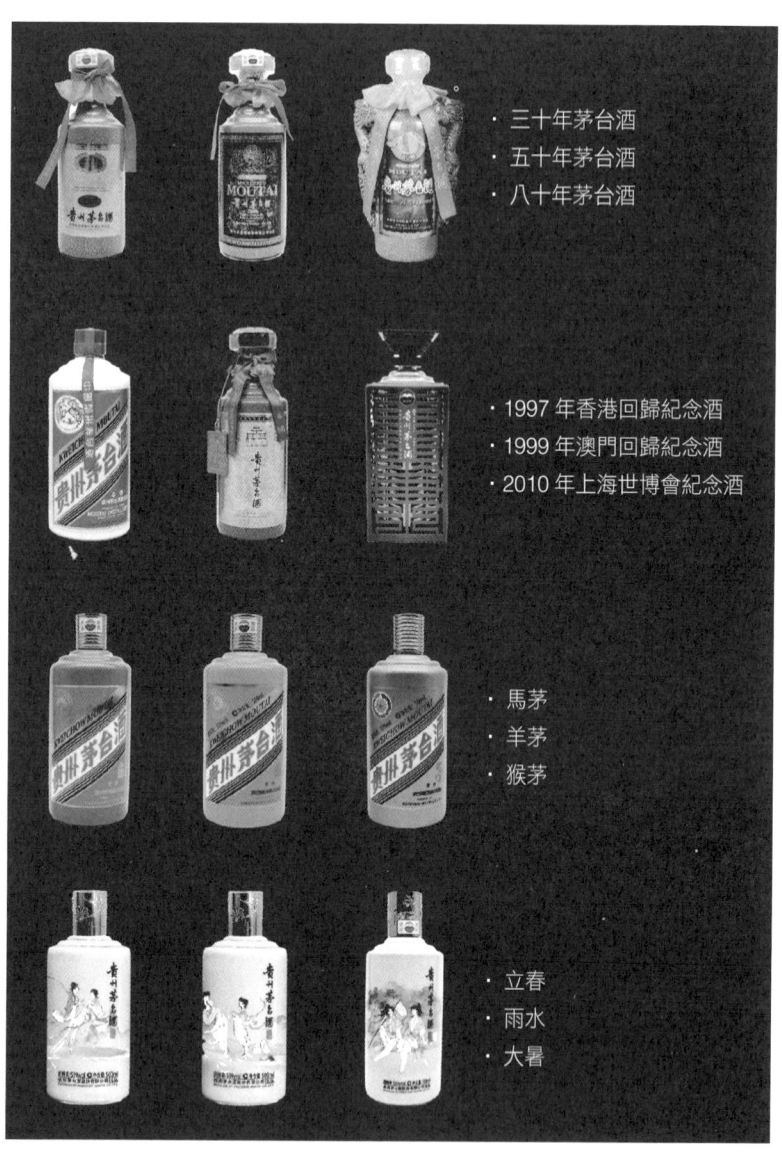

- 三十年茅台酒
- 五十年茅台酒
- 八十年茅台酒

- 1997年香港回歸紀念酒
- 1999年澳門回歸紀念酒
- 2010年上海世博會紀念酒

- 馬茅
- 羊茅
- 猴茅

- 立春
- 雨水
- 大暑

☉ 陳年酒、紀念酒、生肖酒、節氣酒。

茅台推出的第一款訂製酒「香港回歸1997」紀念酒上會拍賣，原箱12瓶成交價為138萬元，每瓶約11.5萬元，價格上漲191倍，漲幅驚人。

茅台的生肖酒啟動較晚，第一瓶甲午馬年茅台生肖酒在2014年問世。

當時，酒業受到中央八項規定的影響，正處在調整期，加上又是新品，「馬茅」並未引起太大的市場關注。

然而在隨後的幾年裡，因主題應景、品質超眾，生肖酒受到追捧，成為每年一度的爭購寵兒，它所獨具的集郵屬性與收藏屬性，使之成為飛天之外茅台又一主要產品系列。在二級收藏市場上，生肖酒的增值效應一直高於「普茅」。

在2023年，茅台又推出二十四節氣文化酒，每年分四季發佈，在每個節氣的當天投放市場，並與「巽風數位世界」裡釀造出的「二十四節氣酒數字藏品」相配合。這一舉措成為茅台酒在互聯網世界的一個新嘗試。

陳年酒、生肖酒、節氣酒以及被中止的訂製酒，是茅台酒廠在多年的經營實踐中不斷創新反覆運算的產物。它們的出現，為茅台乃至中國白酒業構築起了一個天花板。國內幾乎所有的著名酒企都先後推出了類似的產品，而發起者茅台酒則赫然其上，一次次地引領了潮流的風尚。

17
「恩人」

> 經銷商不僅是「上帝」，而且是「恩人」。
> ——季克良

1998 年：銷售公司的創建

在茅台酒的歷史上，有三個年份出現了嚴重的銷售危機，分別是 1989 年、1998 年和 2012 年。它們的出現均與當時的經濟形勢和國家政策相關。然而，也是在這三個時期，茅台完成了自己的市場體系和消費人群的重構，不但在危機中突圍，而且實現了新的體系建設。

1998 年春節，一向不愁賣的茅台酒突然陷入了滯銷危機。季克良用「門可羅雀」來形容那時的情景，「1997 年的春節那真是車水馬龍，經銷商把我們兩個賓館住得滿滿的。為了給他們批條子（拿酒），春節前幾天我就住在體育館裡。但 1998 年的春節突然沒有人了，真的沒有人了。」

為何不愁賣的茅台酒會遭遇如此困境？這還得從大環境說起。「亞洲金融危機」與「山西朔州特大假酒案」深刻地改變了茅台乃至中國白酒行業的發展軌跡。

1997 年 7 月，金融風暴席捲泰國。不久，這場風暴陸續波及馬來西亞、新加坡、日本、韓國和中國等地，泰國、印尼、韓國等國的

貨幣大幅貶值，亞洲各國外貿企業受到衝擊，工人失業，社會經濟蕭條。這次危機打破了亞洲經濟高速發展的繁榮景象。

如果說中國的經濟發展在此次金融危機中並未受到太嚴重的波及，那「山西朔州特大假酒案」則直接重創了中國白酒行業。

事後查明，山西省文水縣農民王青華，購得甲醇 35.2 噸，與其妻武燕萍用其中的 34 噸甲醇加水勾兌成散裝白酒 57.5 噸，出售給個體戶王曉東、劉世春、朱永福等人。他們明知購進的這些散裝白酒不符合食品衛生標準，但為了牟利，仍向社會大量銷售。經測定，這批假酒甲醇嚴重超標，含量達到 361 克／升，超國家標準 902 倍，造成了數百人飲用後出現中毒症狀，其中 26 人死亡的嚴重後果。一時間，大眾談酒色變。

茅台也被重創。至今仍在銷售公司任職的唐軍回憶起那段艱難歲月還歷歷在目：「其他酒廠即使遭遇突變，也依然有銷量，而茅台的銷量是一下子為零了。茅台當時有 5000 多名員工，怎麼發工資？最糟糕的是，酒廠帳上沒有錢。高粱、小麥、瓶子、包裝等都可以（向供應商）賒帳，但工資卻關係著員工的家庭生活。我當時的月薪為 500 多元，那年 5 月第一次沒有領到工資。」

無奈之下，唯有求助政府。但仁懷市政府也沒有錢，指示茅台酒廠自己想辦法。找銀行貸款？雖然貴為「國酒」，但銀行並不認可茅台酒這一抵押物。最終，酒廠領導層決定化整為零，由季克良帶隊，所有廠領導奔赴遵義市的每一個縣去借錢。最終，只從一個縣借到了錢，方得以在當月給員工發了工資。

困境之下，有領導建議拿茅台酒抵工資。但這個提議沒有通過，因為員工為了生活，肯定會低價傾銷茅台酒，此舉對品牌的傷害很大。

當年前兩個季度的銷售量加起來不足 700 噸，只達到了全年銷售計畫的 30%，員工工資無法發放。何以解困？唯有變革。7 月，一場茅台酒廠史上的銷售變革呼之欲來。

　　「把酒賣出去才是根本！」為此，酒廠領導決定讓銷售公司招募 20 人，面向全廠員工公開招聘，組建酒廠史上首支銷售隊伍。對於應聘者，有幾個硬性要求：男女不限，年齡為 25～35 歲；工齡在 3 年以上；文化程度必須為高中以上；男生身高在 165cm 以上、女生在 155cm 以上。

　　當時有 100 多人報名，當然還有一大批人在觀望。入圍者需到辦公大樓一一答辯。季克良作為主考官，各單位一把手坐在台下，還有幾百名員工圍觀。每個入圍者都寫了演講稿，主題只有一個：「針對茅台的現狀，你有什麼辦法？」入圍者還得現場抽籤回答問題。

　　有一位茅台酒廠子弟學校的數學老師抽到一個題目：什麼叫市場佔有率？結果他在規定時間內沒能回答上來。季克良就對其他幾位考官說：「這個人其他方面都好，但學數學的都想不通分子與分母，不會舉一反三，那就不能招聘為行銷員。」面試總共考了三天，初賽篩選了 35 人，複賽確定了一個 20 人名單。最終，只有 17 人成為「幸運兒」，得以加入銷售公司。

喝了「壯行酒」去賣酒

　　銷售公司最初並沒有劃分具體的部門。唐軍負責駐外銷售，駐紮昆明，負責雲南全省，名片上印著「西南片區銷售員唐軍」，由製酒工正式轉身為銷售員。但開局異常艱難，很多酒水專賣店的老闆對唐

⊙ 1999 年，唐軍負責的雲南省曲靖市全國第一批茅台專賣店內景。（上）與其中一家專賣店開業現場（下）。專賣店內的廣告上寫著：當我知道長城黃河的時候，我就知道了茅台酒。

17
「恩人」

軍等銷售人員並不待見:「我知道茅台是中國名酒,但沒人買茅台啊!我只賣民眾喝得起的。」

吃飯喝酒可以,但生意免談。有一些經銷商即使看在交情的分兒上答應賣酒,也會提出要求:「我可以進貨十件,但需要有人幫我蹲點做促銷啊!」

當時做茅台酒的經銷,從帳面上算,是怎麼都賺不了錢的。53度飛天茅台的出廠價為168元一瓶,終端一般賣169～170元,一瓶只有1～2元的差價。當年的全國城鎮居民人均可支配收入為5425.10元,折合約每月452元。而且買茅台酒必須先付款後發貨,概不賒帳,運費由經銷商承擔——從交通不便的遵義茅台鎮運至(除了西南地區的)千里之外的其他省份,運費都不止2元一瓶。此外,銷售政策沒有優勢,沒有任何廣告支持,沒有促銷人員與禮品……怎麼賣?

為了讓老闆答應進貨,唐軍就把茅台的兄弟酒廠帶出去,幫助大家達成交易,大家再購入一批茅台酒以示對老闆的感謝;老闆需要有人蹲點做促銷,唐軍就身先士卒,不是站在門店銷售茅台酒,便是在去門店銷售茅台酒的路上。

駐外銷售員與酒廠、經銷商的溝通也不順暢,只有一部銷售公司辦公室的電話保持所有銷售員與經銷商之間的聯繫(銷售員每隔一個月便返回茅台酒廠待半個月)。為了提升工作效率,酒廠規定:10噸以下的經銷合同,銷售員把蓋過章的空白合同隨身攜帶,可以直接簽單;10噸以上的,得到廠裡來,讓領導面談決策。

儘管唐軍很想將經銷商帶回至茅台酒廠與領導面談,但現實並沒有給他這樣的機會。當時在雲南的8個經銷商,除了雲南省糖酒公司,

其他 7 個都是唐軍駐紮四年間發展而來的。這 7 個經銷商的年度銷售額都在 10 噸以下，且基本上每年都完不成銷售任務，於是拿酒噸數逐年遞減。

按照規定，若是連年完不成銷售任務，必須將「特約經銷商」的銅牌收回。有一個經銷商業績很差，也不簽合同，酒廠領導就讓唐軍去把「特約經銷商」的銅牌收回來。但唐軍去了 10 次以上，最終才在領導的逼迫下把牌子拿回來──並非經銷商不還，而是唐軍不想拿：「我很感激對方對我工作的理解與支援，心有不忍。他們確實很支持我，偶爾進貨一批（12 瓶），都要賣很久。」

經銷商的無動於衷，正是唐軍等銷售員不得不負重前行的壓力。在那些駐外銷售的白天，銷售員騎著單車奔波在大街小巷，或者拜訪新的酒水專賣店老闆，或者到現有經銷商門店去幫忙，哪怕那些事情與茅台酒並無直接關係；到了夜晚，銷售員主動拎著茅台酒請客吃飯、陪客喝酒，只求讓對方答應購入一批茅台酒……「每次陪經銷商喝酒喝多了，想著工作沒有效果，內心很失落，但還得想辦法，繼續賣酒。」無數個酒醉的深夜，唐軍一個人默默地流著淚。

是什麼在支撐著銷售員們砥礪前行？是信任，是信念，也是信仰。駐外跑銷售市場一個月後，大家便會按照約定從全國各地返回茅台酒廠，反映問題，並群策群力，商討下一步的銷售方案。每次回來，季克良及各位廠領導都親自接待，每個領導落座一桌，為銷售員們接風：「各位辛苦了！敬大家一杯！」在廠裡待半個月，銷售員們又得出去了，帶著新的銷售任務與策略，重新奔赴市場一線。每次出行，由大巴車統一送到貴陽機場，季克良及各位廠領導都會為之送行，並敬上壯行酒：「拜託各位了，等你們歸來，再慶功！」

⊙ 我與唐軍。身後的「茅酒之源」是當年華茅的製酒車間，迄今仍在使用。

　　一線銷售員如此努力，公司領導也不例外。時任銷售公司的負責人更是親自上馬，一方面擺上家宴，宴請省級糖酒公司的領導以及各地經銷商喝「患難酒」；另一方面則是鼓勵手下人不懼吃苦，不斷深耕經銷管道；並在投入上非常捨得，吃一頓飯拿不下來經銷商就吃十頓，送 10 瓶酒不夠就送 100 瓶。

　　在鍥而不捨的誠意拜訪與頻繁的觥籌交錯中，經銷商或是被打動，或是被磨得受不了，開始試水賣茅台。正是在這種堅持下，茅台經銷體系才逐漸成形。

誰是第一批經銷商

　　被誠意感動的經銷商，可能連做夢都想不到的是，初期都得用真

金白銀為這份「真愛」買單。

在雲南省級市場中，第一個成為經銷商的是昆明市斑銅廠。廠長曹以祥自 1986 年起便與茅台酒廠打交道——鄒開良為了設計珍品茅台酒的豪華型包裝，特意找到斑銅廠，訂製了一個酒杯，並將其放入茅台酒禮盒。

作為長達 12 年的戰略合作夥伴，在 1998 年茅台酒廠想要自建行銷體系之時，曹以祥便毫不猶豫地加入了，他說：「當時我們廠生產的斑銅作品是雲南省各級政府用以饋贈嘉賓的禮品，因此跟一些政府單位都有聯繫。我想，在售賣斑銅的同時，順帶賣賣茅台酒也是順理成章的。」

斑銅廠拿出了一處 80 多平方米的空間做了一個茅台酒展示區。但事與願違，第一年便虧損了 30 多萬元。當年售賣茅台酒一瓶只有 1～2 元的差價，這還沒算將茅台酒從遵義運輸至昆明的運費，也沒有算門店租金與人員工資，更沒有算先付款、後發貨的資金成本，乃至為了清庫存而不得不承受降價出售的「貼錢」損失——在 1998 年，30 多萬元可不是一個小數字。

為了加大銷售力度，茅台酒廠還得轉變思維。最典型的事件便是在 1999 年贊助了昆明的世界園藝博覽會，酒廠花 180 萬元做了很多報紙廣告、戶外展示牌等，甚至還邀請了 100 多位經銷商到昆明參加世界園藝博覽會的相關活動。為了配合銷售工作，酒廠還史上唯一一次主動賒貨給經銷商。

正是在此危難之際，一些擁有遠見卓識的個人加入了茅台經銷商的隊伍。

比如重慶的楊正。他原本是重慶一家電力能源企業的會計，在迎

來送往的應酬酒桌上,他察覺到茅台酒的品質好,喝多了也不上頭,遂成了茅台酒的愛好者。當原公司被收購之後,他做了一個改變人生的重大決定——借款創業,成為茅台酒經銷商。

茅台酒專賣店開業的興奮和欣喜還未退去,銷售和市場的壓力已經接踵而至。當時茅台酒出廠價格已經調到268元一瓶,但市場流通價比出廠價還低。期望與現實的差距給了楊正這個外行當頭一棒。

在公司成立初期,為了節約費用,楊正集老闆、出納、庫管、文員、銷售、駕駛員、搬運工等多重身份於一身,一手提一箱15.3公斤的茅台酒,爬5層樓可以不歇氣,晚上還要去當「人民陪酒員」,有意識地頻繁邀請有消費影響力的朋友、客戶品評茅台酒,給他們講解茅台的品牌、工藝、文化和喝茅台酒的好處,引導他們消費茅台酒。他經常喝多了到衛生間吐,吐了再出來喝⋯⋯

幸好,在酒廠重慶區經理譚定遠的協助下,楊正逐步找到了基本策略:一是強隊伍,提服務,掌握市場訊息;二是利用自己的社會資源和人脈關系邀請潛在客戶評鑒,做好宣傳工作;三是不走流通管道,只做零售、團購和商務消費。由此,他逐步打開了茅台酒的銷售之路。有一位元叫周宏的經銷商也體驗過這種艱辛。「記得有一年,茅台酒的拿貨價(即出廠價)遠遠高於終端零售價,這意味著我們每賣一瓶酒,都得虧損。最終,我們還是選擇了支持茅台,拿了幾噸酒。也正是在茅台酒銷售最困難的時候,我們反而逆勢而上,把銷售量做大了。」

風雨同舟

茅台酒到底有何魅力,能讓經銷商如此甘願付出?原因或許有很多,但茅台酒廠的支持與茅台酒的品質是最關鍵的兩點。

市場銷售不暢,導致幾乎所有的經銷商在財務上都有壓力。茅台酒廠給予了相應的支持,比如承兌匯票,也就意味著貨款可以延期支付;給予專賣店一定額度的工資補貼、裝修補貼等,給經銷商增加信心。

最能使經銷商堅持下去的,還是消費者的信賴。周巨集所服務的終端客戶以私營企業家為主,他說:「有一位元客戶的應酬非常多,幾乎每晚都得喝酒。不管茅台酒的零售價高也好,低也罷,他都只喝

⊙ 2008年東北一條道路旁經銷商打出的廣告:國酒茅台,喝出健康來。

茅台酒。當茅台酒銷售一度低迷時,他曾一次買了幾十萬元的茅台酒,幾乎把我的庫存都買過去了。他說過一句玩笑話,『如果我不喝茅台,可能現在連命都沒有了』。什麼意思呢?這是因為他喝酒的頻率很高,量也很大,若不是茅台酒不上頭的品質,他的身體早就扛不住了。」

經銷商們的付出,季克良看在眼裡。1999年3月,茅台酒廠在貴陽召開首次經銷商大會,季克良很動情地說了一段話:「經銷商不僅是『上帝』,而且是『恩人』。若沒有經銷商搭建企業與消費者之間的橋樑,就不會有消費者源源不斷地買我們的產品,那我們就不能發工資,發福利,發展生產。有人說經銷商、消費者是『上帝』,但『上帝』有的時候也會給人間帶來大風大雨,而『恩人』就是把錢送給我們。」甚至,他在日常工作中還經常批評看不起經銷商的員工:「我們的人看到經銷商來了,就說他們又想來賺錢了。那不行,不能這樣看,沒有他們,我們不能發展。」

2005年,一位北京的經銷商不幸病逝,季克良為他專門寫了一篇紀念文章《哭少勤同志》。

張少勤便是1986年酒廠在西苑飯店開「茅台宮」的對接人。「那時,我還經常穿著不合潮流的綠軍裝,而你當時已是一個大飯店的部門經理。」

後來,張少勤下海成了茅台酒廠在北京的第一批經銷商之一。他突然去世後,茅台酒廠立即派專人前往參加葬禮,季克良徹夜難眠,寫下了對其的沉痛哀思:「由於你的努力,由於你的熱情幫助,終於促成了我廠慶祝貴州茅台酒在巴拿馬萬國博覽會獲獎七十周年之際在北京設立的第一個專賣店……這幾年北京茅台酒的銷量在不斷增加,

和你是密不可分的啊！少勤！你想得很細，但唯獨不想自己⋯⋯安息吧！」

2005年，茅台酒廠設立「風雨同舟」、「摯愛國酒」等榮譽獎項。前者是頒發給經銷商的最高榮譽，每年僅授予5～6人，以表彰其對茅台酒銷售做出的卓越貢獻；後者頒發給茅台酒的忠誠消費者，以感謝他們對茅台酒的喜愛之情。曹以祥、楊正、周宏等皆為兩獎的獲得者，他們對茅台酒的點滴付出，正是「風雨同舟」的真實寫照。

茅台酒銷售有限公司董事長王曉維很有感慨地告訴我：「茅台酒的銷售體系建設，經歷了多次危機考驗，其間的艱辛不足與外人道。在根本上，它是一次『信任共建』的過程。」

⊙ 20世紀90年代初，吉林省渾江糖酒公司（現吉林省白山方大集團）正在裝卸茅台酒。白山方大集團於2017年獲得「風雨同舟」獎。

18
原產地效應

> 如果有誰能把白酒的微生物研究透了，他能拿諾貝爾獎。
> ——陳騊聲（中國微生物學奠基人之一）

上市與破萬噸

2001年8月27日，貴州茅台在上海證券交易所掛牌上市，發行價為31.39元/股，公司總股本2.5億股，募集資金22.4億元，首日開盤價是34.51元/股，總市值約78.5億元。

與其他幾個國家名酒企業相比，茅台是最遲進入資本市場的酒企之一，汾酒和瀘州老窖在1994年就先後上市了，古井貢酒和五糧液的上市時間分別是1996年和1998年。在上市那一

⊙ 2001年7月30日，貴州茅台在《人民日報》刊登的即將上市的廣告。

年，茅台的營收為 16.18 億元，而五糧液的營收已達 47.42 億元，它的市值也比茅台高出一倍多，達 193.6 億元。

如果有一位投資者在 2001 年購進茅台股票，在其後的 20 年裡無視所有的漲跌波動，長期堅定持有，到 2021 年年初，茅台股價將上漲 50 多倍，複合年化收益率為 21%。這一投資成績，幾乎相當於股神華倫・巴菲特的成績。[1]

就在茅台上市後的一個月，一個新的萬噸新區工程在赤水河畔正式開工，茅台宣佈將新增 4000 噸產能。兩年後的 2003 年，茅台人終於實現了萬噸產能的夢想，這時距離 1958 年提出的萬噸目標，已經過去了 45 年。

在市場競爭中，茅台堅守超級單品戰略，通過持續的「文化茅台」「茅台喝出健康來」等理念輸出，一步步地邁向白酒王者的寶座。2006 年，飛天茅台的市場零售價超過五糧液，2011 年實現銷售利潤超越，至此中國白酒進入「茅台時代」。

21 世紀初的這一場「茅五之戰」精彩紛呈，十年之間，濃香派與醬香派展開了對中國中產消費者的味覺爭奪，從結果來看，並無輸家。它們共同擴大了白酒的市場空間，傳播了中國的傳統飲酒文化，並攜手成為睥睨天下的萬億市值企業。

在這一時期，茅台兩個戰略級任務的完成，展現了決策者的遠見和定力，它們分別是：原產地認定和消費者心智體系的建設。

---

[1] 從 1965 年到 2022 年，巴菲特管理的波克夏・海瑟威公司的總收益上漲 3.6 萬倍，複合年化收益率為 20.6%。

⊙ 2001年，落成後的萬噸生產區一角。

⊙ 今日沿山酒庫。

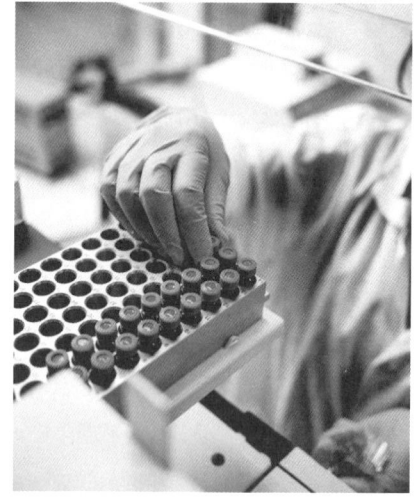

⊙ 現代化的包裝車間（左）與光譜分析實驗室（右）。

亂象：家家都釀茅台酒

周山榮對曾經的茅台酒亂象印象深刻。

早在 20 世紀 80 年代，仁懷縣的釀酒熱就已悄然興起，所有酒廠用的都是「茅台酒」這一品類稱呼，縣裡還有兩家鄉鎮企業直接註冊為「茅台釀製廠」和「茅台製酒廠」。在後來的十多年裡，在仁懷及周邊一些縣，以「茅台」進行企業字型大小註冊是合法行為，一直到 2000 年才開始規範。全國其他地方的醬酒企業也紛紛以「茅台酒」自稱。這些酒有的採用傳統的純糧釀造，而更多的則是香精勾兌。

1999 年，國家工商行政管理局召集全國 20 多個省、自治區、直轄市的工商行政管理部門，在貴陽召開了一場「保護茅台商標合法權益案件協調會」。會議現場陳列出了各地仿冒、假冒的 60 多種「茅台酒」，排滿了長長的一大桌。

在創作過程中，當地人告訴我，在仁懷市，人們將侵權製假者叫作「軍火商」，有的侵權企業的年銷售收入居然一度達到上億元。曾經很多中小酒坊由陣地戰轉為游擊戰，由省內轉到省外，由固定製售轉向流動產銷，製造商、經銷商相互勾結，打一槍換一個地方，需要什麼牌子就包裝什麼，非常狡猾。

在所有的茅台亂象中，影響最大、持續時間最長的是「賴茅遍地開花」。

1980 年，賴茅創始人賴永初向政府提議恢復賴茅酒生產，貴州省輕工業廳委派季克良等三人前去詢問相關情況，不久後，賴永初就去世了。

1983 年，他的兒子賴世強就投資重建恒興酒廠，並以「賴永初」

為註冊商標。在後來的十幾年裡，賴家的其他子弟——包括賴永初及其兩個弟弟的後代紛紛生產賴茅酒。

在這期間，賴家與茅台酒廠多次對簿公堂，爭奪賴茅商標權，法院最終判決給了茅台酒廠。然而，到 2007 年，因為在 10 年時間裡沒有生產賴茅酒，商標權被國家商標局撤銷，至此，賴茅商標進入長達 7 年的無主狀態。

2014 年，經過北京市高級人民法院的判決，賴茅商標正式歸屬於茅台酒股份有限公司。

周山榮做過一個統計，在商標無主的那幾年裡，國內市場上出現過的賴茅廠家達 470 多家，出現了上千種賴茅酒，價格從 10 多元到 1000 多元不等。按他的說法：「賴茅酒的氾濫對於醬香型白酒的認知推廣起到了一定的作用，但是負面作用肯定是更大的，它造成了市場極大的混亂。」

全球釀酒企業最多的小鎮

在大潮湧起時，除了那些渾水摸魚的，還有不少認真投入來做醬香型白酒的人和企業。陪我去水塘村的老邱就是其中之一。

老邱原本是貴陽一家師範學院的物理老師，他的岳母是王茅創始人王立夫的孫女。2000 年，老邱下海做酒。他先是在仁懷縣承包了一片 2000 畝的農地種紅纓子高粱，到 2009 年，他在茅台酒廠一車間背面的山坳裡購得一塊土地，開辦了酒廠。老邱做事情很認真，也很愛琢磨，他的蒸酒大鍋是用兩塊完整的砂岩石鑿成的，這在茅台鎮上是獨一份的，他還在取酒的地方裝上了感測器來控製溫度。這些年，

⊙ 經銷商門店集中的今日楊柳灣。茅台鎮戶籍人口約為 10 萬，從事醬酒生產的企業有 1700 多家，而從事醬酒貿易的公司則多達 1.5 萬家。

⊙ 酒商們紛紛在門店的玻璃門上打上大字廣告：「免費品嘗，醬香白酒」、「純糧釀造，自產自銷」。

⊙ 走在鎮上，隨處可見家家戶戶門口佇立的儲酒罐。

老邱每年出酒600噸，成了一個自得其樂的酒廠老闆。2020年，女兒和女婿從澳大利亞歸國，成了他生意上的幫手。

在茅台鎮，像老邱這樣的釀酒人比比皆是。

根據仁懷市酒業協會的統計，在2021年，茅台鎮的戶籍人口為10萬，從事醬酒生產的企業有1779家，其中352傢俱有白酒類生產許可證，其餘的都是小作坊，而從事醬酒貿易的公司則多達1.5萬家。從這組數據看，茅台鎮無疑是全球釀酒企業聚集密度最高的一個鎮。

老邱在鎮上購地的2009年，正是茅台鎮面貌大改的擴張時期。這一年，從遵義到茅台的高速公路開通了，仁懷市政府把大量非工業人口遷到中樞鎮，同時闢出一塊25平方公里的土地建設「名酒工業園區」。優惠的招商引資政策和大為改善的交通設施環境，把醬酒投資熱推到了一個新的高度。

除了本地的高漲熱情，外來資本對醬香型白酒的投入也十分洶湧。早在1999年，天津藥業企業天士力收購了茅台鎮上的一家老酒廠，更名為國台酒。同年，北京的釣魚臺國賓館與當地資本合作，組建了釣魚臺酒業。

2009年，酒業流通企業華澤集團全資收購珍酒集團。2011年，海航集團斥資7.8億元收購懷酒。2013年，娃哈哈集團董事長、曾當過「中國首富」的宗慶後與金醬酒業合作，入局醬酒產業。2018年，與茅台鎮一水之隔的四川古藺水口鎮更名為茅溪鎮，兩年後的2020年，宣稱將投入200億元建設醬酒工業園區。

根據2022年的統計資料，醬香型白酒在全國白酒總產量中的占比是8%，卻貢獻了26%的市場收入和45%的利潤。由此可以推測，已經熱了二十多年的醬酒投資在未來的一段時間內仍將持續熱下去。

「離開茅台鎮就生產不出茅台酒」

一個具有強烈地域特徵的傳統工藝產品如何實現健康的生態型發展，是一個十分普遍的棘手課題。

我的家鄉有著名的龍井茶，數十年來，大家就一直為龍井茶的良莠不齊所困擾。茶與酒，同為千年中國文化的精華，如蘇軾所吟的「且將新火試新茶，詩酒趁年華」。龍井茶有乾隆禦茶的皇家傳說，有民間十大炒製工藝，被列為十大名茶之首，在茶界的地位堪與酒界的茅台酒媲美，甚至連唯一的國家級「中國茶葉博物館」也建在龍井一帶。

但是，在商業運營上，龍井茶與茅台酒幾乎無法相提並論。它從來只是一個品類，而不是一個品牌，迄今沒有一家年銷售額超過 2 億元的龍井茶公司。2000 年前後，杭州市政府為了規範市場，提出了不同的等級名稱，炒製於龍井茶核心產區的為「西湖龍井」，大杭州地區的為「杭州龍井」，省內其他地區的為「浙江龍井」。然而，從來沒有茶農真正地遵循這一規範。甚至到了清明和穀雨時節，省內和省外的茶葉大量運進龍井村，購茶者根本無從辨認。

「龍井茶現象」幾乎發生在所有的傳統農產品和工藝產品身上，從景德鎮瓷器、金華火腿、普洱茶到五常大米等。

從歷史沿革來看，茅台酒曾經跟龍井茶一樣氾濫和混亂。早在燒房時代，華茅、王茅和賴茅就已經深受其擾，它們不但要應對茅台鎮上土酒的競爭，同時更對川貴其他地方的「茅台酒」束手無策。在華聯輝和賴永初的回憶文章中，他們對此一再抱怨。

茅台酒的正本清源，經歷了二十多年的時間，其中，最具標誌意義的事情是，「離開茅台鎮就生產不出茅台酒」這一理念的提出。

1991年11月，季克良隨輕工業部組織的一個酒企代表團赴法國考察，在歐洲最著名的白蘭地產地干邑，他第一次接觸到了「原產地」這個概念。他發現，法國政府對白蘭地和葡萄酒有「法定產區」保護的法律，法國白蘭地除了這裡產的，均不得標註「COGNAC」，即不能稱作中文所說的「干邑」。在歸國後寫的一篇題為《把貴州建成世界名酒之鄉》的文章中，季克良寫道：「凡是干邑地方產的白蘭地，才能叫干邑白蘭地，反之，都不可以。干邑因此逐漸成了全球聞名的世界名酒之鄉。」

由干邑的經驗，季克良很自然地聯想到了茅台酒的處境。在後來的幾年裡，他和酒廠的科研人員展開長期而系統的研究，終而提出「離開茅台鎮就生產不出茅台酒」。

為了把這一概念固化為行業的共識，他們進行了體系化的詮釋：

地理條件——茅台鎮四面環山，形成了特殊的亞熱帶小氣候：年平均氣溫為17.4攝氏度，夏季最高氣溫達40多攝氏度，炎熱季節持續半年以上；冬季溫差小，最低氣溫為2.7攝氏度；年降水量有800～1000毫米，日照豐富，年日照時長可達1200多小時，為貴州高原最高值。這種冬暖夏熱、風微雨少的亞熱帶小氣候有利於釀酒微生物的生成和繁衍，是釀酒環境無法複製的主要原因之一。

土壤特質——茅台鎮的主要地質結構是形成於7000萬年前的紫色砂葉岩和礫岩。土壤酸城適度，富含多種有益成分，有機質含量為1%左右，易溶解；鹽基飽和度可達80%～90%，呈中性至微鹼性，礦質養分豐富。土壤中砂石和礫石含量高，礫石是由風化和流水侵蝕作用形成，孔隙度大，有利於水源的滲透過濾和溶解土層中對人體有益的成分，且對酒糟和發酵液中的微量元素轉移有很大影響。

日照豐富風微雨少
年平均氣溫 17.4 攝氏度，
年日照時長 1200 小時以上，
適合微生物繁衍。

特殊氣候
四面環山，形成特殊的
亞熱帶小氣候

赤水河
含豐富礦物質的赤水河水
是釀酒的天然優質用水。

獨一無二的微生物環境
酒麴中特有的「擬青黴」酵母
造就茅台酒獨特風味。

紫色砂頁岩和礫岩
礦質養分豐富，孔隙度大，
有助於酒糟和發酵液中微量
元素的轉移。

⊙ 離開茅台鎮就生產不出茅台酒。

18
原產地效應

309

水質特點——赤水河是國家級珍稀特有魚類自然保護區，也是長江上遊唯一不受工業污染的原生態自然河流。因受丹霞地貌影響，河水在特定時間裡富含各種有益礦物質，是釀酒的天然優質用水，在赤水河流域沿岸分布有茅台酒、郎酒、習酒、珍酒、董酒和瀘州老窖等，形成了獨特的酒文化，赤水河有「美酒河」之稱，在全世界絕無僅有。

微生物環境——因為獨特的地理條件和百年釀酒歷史，茅台鎮形成了獨一無二的微生物環境。微生物菌群在麴醅和酒醅發酵過程中，對茅台酒主體醬香品質的形成起到了決定性作用。這一複雜而特殊的生態環境是無法遷移和複製的，這也是離開茅台鎮就生產不出同樣品質的茅台酒的原因之一。

我在研發中心調研時，技術人員跟我講了一個很「神祕」的細節：在茅台酒的複雜香氣中，帶有一股花香的風味，經過科學機理的分析，它是由酒麴裡一種叫「擬青黴」的真菌產生的。而這種微生物只出現在茅台酒核心產區的某些區域，是自然環境和釀酒環境多年生成的結果，「離開了那一片區域，在酒麴裡就再也找不到擬青黴了」。

地理條件、土壤、水和微生物對釀酒的影響，並不是茅台酒廠的創見，而它的貢獻在於對這些要素進行了科學、理性的分析和詮釋，最終形成了一套令人信服的話語體系。

2001年，茅台酒廠向國家質檢總局申請茅台酒原產地域保護（現名「地理標誌產品保護」），確定了中國白酒業的第一個原產地域範圍（現名「國家地理標誌產品保護示範區」），規定茅台酒產地範圍為貴州省仁懷市茅台鎮內，南起茅台鎮地轄的鹽津河出水口的小河電站，北止於茅台酒廠一車間的楊柳灣，並以楊柳灣羊叉街路上到茅遵公路段為北界，東以茅遵公路至紅磚廠到鹽津河南端地段為界，西至

赤水河以赤水河為界，約 7.5 平方公里。根據相關規定，只有這一產地範圍內的釀酒企業，方可使用「地理標誌產品專用標誌」。

到 2013 年，茅台酒廠再次向國家質檢總局申請，調整其地理標誌保護產品名稱和保護範圍，從原來的核定範圍往南延伸，地處赤水河峽谷地帶，東靠智勤山、馬福溪主峰，西接赤水河，南接太平村以堰塘溝界止，北接鹽津河小河口與原範圍相接，延伸面積約 7.53 平方公里，總面積共約 15.03 平方公里。

2022 年，茅台集團提出建構「山水林土河微」生命共同體，把生態建設的理念進行了進一步提升。

經過長達 20 年的持續傳播和理性界定，到今天，「離開茅台鎮就生產不出茅台酒」和「茅台酒核心產區」的概念已經深入人心，赤水河成為茅台酒健康發展的地理意義上的「護城河」。

良性的醬酒生態秩序

彼得・德魯克在 1946 年創作的《公司的概念》中就提示說，企業應該像認真處理與消費者和經銷商的關係一樣，重視與社區的關係。他說：「所有的公司都嵌在社區之中，所以，它必須承擔相應的社會職能。」

這個課題對於貴州茅台酒廠尤其重要，因為它所處的社區不但是普遍意義上的社會，更是一個「生態」，一個與釀酒有關的「生命、生產和生意」的生態。茅台酒是茅台鎮的歷史資產，理論上，它屬於社區裡的所有個體和組織。所以，對茅台的保護應該符合社區的共同利益。

茅台酒廠提出的原產地主張以及核心產區保護，並不是一種獨享式的排他性戰略——如果是這樣，一定會與當地的其他利益體發生激烈的衝突。相反，它是基於生態秩序的思考，不但促進了其他醬酒企業的發展，還得到了一致的認同。這一現象的出現，與以下一些因素有關：

　　——茅台酒的釀造工藝雖然得於百年傳承，然而，其規範化的操作流程，尤其是醬香型白酒品類的提出，則完全來自茅台酒廠幾代釀酒人的努力。在這個意義上，茅台酒廠再造和重新定義了茅台酒，這一事實得到了社區內所有人的認同和尊重。在茅台鎮，茅台酒廠與其他酒企形成了正向的共生關係，你很少能聽到對酒廠的攻擊性言辭。

　　——茅台酒廠多年堅持的高端品牌形象和超級單品戰略，為社區內的所有醬酒企業創造了一個寬廣的生存空間，它們在差異化的前提下，尋找到了各自的定位。社區內的酒企效仿茅台酒廠，以優品優質和品牌塑造為競爭訴求，形成了「良幣驅逐劣幣」的釀造和營商生態。

　　——茅台酒廠對自然環境的長期保護，讓社區內的所有企業成為獲益者。在今天的茅台鎮，善待水土、善待微生物，是一個被共同遵守的共識。

　　在中國白酒業，以茅台鎮為核心的醬酒生態秩序是一道獨特的風景線。它讓原本非常小眾的醬酒品類獲得了快速的市場擴張。到 2022 年，沿赤水河一線，除了茅台酒，出現了習酒、郎酒、國台酒等數家年產值過百億元的大型醬酒企業，另外還有釣魚臺、無憂、肆拾玖坊、金醬和夜郎古等十餘家年產值過十億元的中型醬酒企業。

　　與此同時，這一生態也有效地帶動了地域性的產業集約發展。2022 年，仁懷實現生產總值超 1706 億元，經濟總量在全國 GDP 百

強縣的榜單上名列第 12 位元，在整個西南地區雄踞第一。²2023 年，賽迪顧問與賽迪四川聯合發佈「2023 鎮域經濟 500 強暨西部 50 強」榜單，茅台鎮與蘇州玉山鎮、佛山獅山鎮名列前三強，皆為西部諸鎮之首。³

容易被「誤讀」的茅台

茅台是一家很不容易被理解的企業。在它的身上，除了那層神祕莫測的光環，更多的似乎是理所當然的誤讀。這一現狀，其實也是公眾對中國白酒的「誤讀」。

就在我寫《茅台傳奇》的那段時間，便發生了兩件讓茅台人很尷尬的事情。

2021 年 2 月，中國工程院增選新一批院士，茅台集團總工程師王莉入圍候選人名單，這一新聞當即引發了輿論的熱嘲，「白酒的傳奇，院士的笑話」，網上的標題大多如此。事件的結局便是，王莉的名字悄悄地在下一輪名單中消失了。

2022 年 3 月，國家發展和改革委員會發佈國家企業技術中心評價結果，茅台酒廠的「國家企業技術中心」資格被撤銷，又引發了一輪公眾對茅台的嘲諷。這一次評審採用百分製，包括 35 項資料值，

---

2 《品牌賦能，醬酒飄香──仁懷持續提升中國醬香白酒核心產區效應》，《貴州日報》，2023 年 9 月 11 日。
3 《百強鎮引領鎮域經濟高品質發展》，https://xueqiu.com/7842369805/259036246。

茅台最後的總分只有50.7分,排在全國所有參評1744家企業中的1672名。

面對這些事件,茅台酒廠表現得非常無奈,它從來不知道如何辯解。那天,我訪談王莉,說到這兩個話題,她都非常本能地躲避過去。

如果回到事實的基本面,茅台顯然有自己的委屈。

20世紀中葉以後的數十年間,中國白酒完成了從傳統手工業向現代化製造業的重大轉型,其間名家輩出,群星璀璨。一些泰斗大師,譬如秦含章、周恒剛和熊子書等人,均出身於現代化工和食品專業,季克良學的就是食品發酵專業,後又在一線浸淫數十載。

到了王莉這一代,在原料、生態環境及微生物的科研領域,更是有極大的拓進,他們對白酒的理解,更多地帶有現代科學和工業化的思維。但公眾和媒體對此知之甚少,可能還有頑固的偏見。

再來看有關部門對國家企業技術中心的認定。

在百分製的各項資料中,權重最高的是科技活動經費支出額占產品銷售收入的比重,權重為17分,基本要求是3%,而茅台這一項的支出占比只有0.14%,17分基本被扣光。其他如新產品銷售收入占產品銷售收入的比重、新產品銷售利潤占產品銷售利潤的比重均占11分,基本要求分別是20%、15%,茅台的得分也很低。

我在調研中看到,茅台在中國白酒的酒體和釀造工藝的專研上,處在行業領先地位。在2010年以後的十多年裡,茅台累計投入科研經費60億元,新建12個省部級以上科研創新平臺,開展各類科技創新專案260餘項,累計命名43個創新工作室,開展了5000餘項改革專案,獲得授權發明專利56項,主持和參加製定標準39項。

令人遺憾的是,在公眾傳播和認知層面,人們對茅台乃至中國白

酒產業的科研現狀知之甚少,仍然停留在「天釀手造」的固有印象。而有關部門在國家企業技術中心的認定上,也沒有或無法顧及這一行業的特殊性。

　　茅台每年對科研業務的經費投入不可能是年度千億元營收的3%,而它的業績增長也並不依賴新產品占比的增加。如果相關評審標準不修改,茅台酒廠的技術部門很可能永遠不會成為國家企業技術中心。

　　茅台的尷尬顯然不僅僅在於此。幾乎每次討論到「科技興國」這一話題的時候,即便在最嚴肅的學術論壇上,也常常有人感歎,為什麼中國市值最高的公司不是造晶片或搞人工智慧的公司,而是做一瓶白酒的茅台。

　　茅台的另類和爭議性,也是促使我創作這部《茅台傳奇》的動因之一。

　　無論從任何角度看,這都是一家好公司,但是好公司為什麼總是被「誤讀」?

　　在全球的商學院課堂上,像茅台這樣的案例也很少被拿來進行解讀和剖析,在諸如《追求卓越》、《基業長青》等暢銷商業讀物中,也罕有涉及。這一現象其實呈現出了一個陌生的課題:具有精神消費和本土文化雙重屬性的消費品,如何定義它的核心技術能力和價值模型?這類企業的可持續成長是建立在哪些生產和競爭要素之上的?它們的高毛利和高估值背後,又有著怎樣的盈利模式和資本邏輯?

且留一分交付天

　　王莉是 1994 年進廠的。她畢業於西北輕工業學院（現陝西科技大學）食品專業，從技術中心的一名技術員一直幹到總工程師、總經理[4]。在她的印象中，從進廠的第一天起，她就目睹了工藝上的爭論和定型。

　　「我進來的時候正好面臨的是大水分和小水分之爭（即酒醅含水量大有利於生產還是含水量小有利於生產）。季總這一派認為是小水分，另一位老廠長那一派認為是大水分，通過幾輪班組的對比和理化分析，最後還是小水分爭贏了。從 1996 年開始，技術部門把之前的簡單規範升級為標準規範，整個生產標準體系就起來了。」

　　2001 年，茅台酒廠完成了第一版技術標準體系，每隔 5 年修訂一次，到 2022 年，反覆運算到第三版。在王莉看來：「所有成果都要能夠轉化為標準，只有達到了這一目標，白酒的釀造技術才步入了科學的境地。」

　　在醬酒行業有「12987」的工藝口訣。不過，無論季克良還是王莉，都認為「『12987』只含了製酒，它還不能代表茅台的工藝」。在茅台酒廠的釀造理念中，「製麴是基礎，製酒是根本，勾兌是關鍵，檢測是品質的衛士」。

　　只有把整個釀造流程進行全生命週期的管理和定量標準化，才能釀出一瓶真正意義上的茅台酒。

4　2023 年 8 月，王莉接替李靜仁，出任茅台集團黨委副書記、總經理。

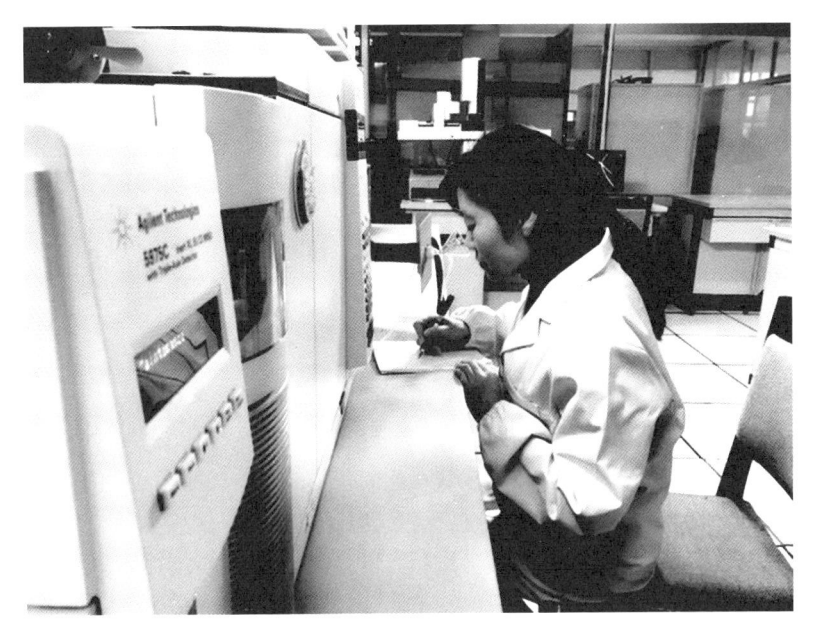

⊙ 王莉系科班出身，從進廠那天起就在技術崗位工作。

　　王莉這一代茅台專業技術人員都視季克良為老師，他們在釀酒微生物和風味導向的研究上，又大大地前進了一步。

　　早在茅台試點時期，周恒剛團隊即開始對釀酒微生物進行分離鑒定，但是限於研究手段，之後的 50 年，茅台人對微生物的研究仍處於盲人摸象階段。2005 年，茅台與中國科學院微生物所合作建立了行業第一個「白酒微生物菌種資源庫」。2012 年，隨著高通量測序技術的引進，巨集轉錄組學、巨集蛋白質組學陸續集成，這些微生物研究的利器讓微生物的研究發生質變。

　　經過近 20 年的持續研究，茅台的科技人員對麴醅、酒醅和釀造

環境中約 9800 個樣品進行解析，發現的微生物達 1940 多種，這個數字也是當前行業可見文獻報導中最多的，這也進一步證明了茅台酒釀造體系的複雜性和多樣性。科研人員在解析的同時，產生了 4184G 的生物資訊，通過提取這些生物資訊的規律，科研人員實現了關鍵工序節點微生物體系常態化定期監測，能夠及時掌握釀造微生物的變化情況。

王莉告訴我，要解析清楚 1940 多種微生物的代謝功能是一個宏大的工程，可能需要幾代人的努力。

而這一研究所獲得的成果，將輻射到所有工業發酵領域。中國微生物學奠基人之一陳騊聲先生曾在生前預言說：「如果有誰能把白酒的微生物研究透了，他能拿諾貝爾獎。」

茅台酒廠在風味導向上的研究，則起步於 2005 年。當時，由王莉和江南大學的徐岩教授牽頭，啟動「茅台酒風味物質解析」研究專案。「圍繞白酒豐富的菌種展開，尋找其中的有用物質。基於感官風味貢獻的化合物，建立感官科學和風味化學的檢測模型。」

這項研究工作一直持續到 2013 年，王莉團隊完成了「風味相似度」的評價模型，它對茅台酒的風味穩定起到了決定性作用。「一瓶茅台酒裡有 300 多種風味，有的體現在香氣裡，有的體現在口味上。有了相似度評價模型，任何一批完成勾兌的茅台酒，都能像人臉識別一樣進行識別。」

與清香型和濃香型白酒相比，醬香型白酒迄今為止沒有被發現主體香。在王莉等人看來，「它是複合香，在未來的很多年裡都是一個不解之謎」。也正因此，風味相似度評價模型的出現，決定性地保證了茅台酒在品鑒感官上的穩定。

我問王莉：「是不是每批次的茅台酒，都能保證有百分之百的風味一致性？」

她聞言笑了起來：「我們現在要留百分之十的空間，為什麼？茅台酒既是科學的，又有著人文屬性。每一位勾兌師都有對酒的微妙感覺，那百分之十就是藝術發揮，就是留給老天爺的。」

窮盡半生覓酒謎，且留一分交付天。茅台酒的不易理解和妙不可言，大抵也在這裡了。

19
用戶心智體系

> 真正的廣告不在於製作一則廣告,
> 而在於讓消費者和媒體討論你的品牌而達成廣告。
> ——菲力浦・科特勒

「茅粉」如何抵制假茅台

有一次,我去深圳講課,幾位企業家學生請我聚餐,其中一位帶了三瓶茅台酒。他告訴我,同學們但凡喝茅台,都是攜酒自帶,很少買餐館的酒,即便付開瓶費也在所不惜。

在聚餐結束的時候,這位學生突然問服務員:「你們有小錘子嗎?」服務員會心一笑,轉身從廚房裡拿來一把小菜刀。這位學生當即用刀背把三隻酒瓶的瓶口一一敲出一個裂口。

我很吃驚地問他:「為什麼要這麼幹?」

他說:「就是為了防止有人拿了空瓶子去灌假茅台。」

這個場景讓我頗為震撼。在後來的這些年裡,我好幾次碰到類似的情況,有的人當場敲碎瓶口,有的人則把酒瓶帶回去處理。

曾幾何時,茅台酒造假是一門挺賺錢的灰色生意。

在一個互聯網平臺上,我找到一個回收茅台酒酒瓶的帖子:「30年陳釀茅台一套 800 元;15 年陳釀茅台 200 元;普通飛天茅台酒瓶

60元。必須盒子、帶瓶子、酒杯、防偽標齊全,少一個酒杯扣5元。」

市場上每年到底有多少瓶假茅台在流通,是一個謎。

2011年有嘩眾取寵的媒體捏造官員的說法,宣稱:「茅台酒廠的年產量約為2萬噸,而2010年全國茅台酒消費量高達20萬噸,市場上90%的茅台都是假酒。」

隨後,「市場上90%的茅台都是假酒」的說法很快充斥報端。幾個月後,季克良被迫站出來發言,他認為假茅台的數量不會超過5%:「根據近3年我們茅台自己的統計及官方的打假資料來看,抓到的假酒有300噸左右,而現在茅台一年白酒銷量為3萬噸左右,假酒占到我們銷量的1%左右。考慮到沒有抓到的以及其他一些因素的話,市場上的假茅台所占的比例不會超過5%。」

⊙ 茅粉們擺出的人形標語。

90%與5%的差距有點大,到今天也沒有一個確切的數字。不過有一個粗略統計是,經常喝茅台的人,沒有喝到過假茅台的應該不會超過5%。

　　而對假茅台進行主動抵制的,是那些自稱為「茅粉」的忠誠消費者。這些消費者的行為並不出於自利的需求,而是主動維護一個他們喜歡的品牌的產品純正性。它意味著品牌在用戶心智中已經構成一種價值上的共鳴。

　　用戶主動參與企業的經營行為,被認為是一個品牌形成心智勢能的標誌。小米手機創業之初,雷軍組建了一個MIUI群(米友群),邀請數百個粉絲共同參與手機的各種設計,它成為小米引爆市場的第一個原點。特斯拉進入中國之初,也有它的忠誠粉絲自發驅車上千里,自費安裝充電樁。

　　當這些行為發生的時候,表明品牌在那一時期正處在高勢能的爆發期,幾乎沒有任何力量可以阻擋它的成長。而與小米、特斯拉相比,「茅粉」對酒瓶的破壞,並不帶有借勢或炫耀的成分,而是沉澱為日常的消費動作之一,因此具有更強的內驅心理。

　　茅台酒的日常消費者主體,由企業家、城市中年白領、知識階層和中高級公務人員組成,他們占到全部人口的10%左右,屬於社會金字塔塔尖的階層。他們是典型的理性消費者,對一個產品的認同很難產生,而產品一旦占領了他們的心智,他人對之更改也很難。

　　在消費心理學裡,用戶對一個品牌的心智認知由四個層面構成:功能認知、社會認知、情感認知和增值認知。我們可以從這四個層面分別來看一下,茅台酒是如何形成自己的消費者心智認知體系的。

功能認知:「不上頭」和「不傷肝」

天下白酒出自五湖四海,飲者各有所好,以「香」「味」而論,其實很難比出高低。周恒剛第三屆全國評酒會上以香型為評分標準,其實避免了名酒之間慘烈的同場廝殺,而在1989年的第五屆全國評酒會之後,酒業宣布永久停辦類似評選。

正因為這一特點,白酒品牌在傳播的時候,大多強調歷史傳承和獨特工藝,很少涉及品飲功能。

2011年5月,全球最大的消費者調研機構尼爾森做了一份題為《解讀高端白酒消費者,挖掘中國酒類市場藍海》的市場調查報告。從北京、上海和廣州三地高端人群的問卷調查中,調查員很好奇地發現:「酒桌上,意見領袖喜歡談酒的口味、歷史、釀造工藝、逸聞趣事,因此在這些方面做足文章的品牌,自然得到談論的機會也較多。但令人驚訝的是:真正打動『圈外』消費者的訴求,卻是白酒最基本的指標——『不上頭』。」

尼爾森把消費者的談論訴求點分列為檔次、歷史傳承、知名度、口味好和不上頭,結果發現:「在許多名酒廠商看來,『不上頭』是好酒的及格線,似乎不應該是一個值得關注的訴求點。但眾多被訪消費者一致認為『不上頭』的,竟然只有茅台一個品牌而已——其他品牌要麼在痛苦的宿醉經歷中被永久否定掉了,要麼『不知道是否上頭』,由於『不捨得拿自己做試驗』,也就無法進入選擇範圍。」

在2011年,尼爾森的這個洞見並不廣為人知,但是,它卻直指白酒消費的底層訴求。事實上,第一個提出「喝茅台酒不上頭」的人,正是它早年最著名的消費者周恩來總理。在很多次的分享場合中,他

談及茅台酒,主要就講兩點:在長征途中用它療傷,喝多了也不上頭。[1]前者是情感敘述點,後者是功能敘述點。

作為精神類消費品,白酒天然地帶有社交功能,或者說,它本身就是催化媒介的一部分。然而,對它的最大心理障礙,便是對健康的影響,特別是喝酒過量之後,第二天容易產生的頭疼及口臭。

王莉在接受我的訪談時,專門解釋了茅台酒「不上頭」的原因:喝酒上頭,是因為白酒中含有硫化物和醛類雜質,對大腦神經造成刺激和干擾。

茅台酒的「三高」工藝——高溫製麴、高溫餾酒、高溫堆積發酵,使得低沸點類雜質在釀造過程中揮發殆盡,而在三年的陳貯中,醛類雜質進一步被去除,再加上茅台酒「以酒勾酒」,不添加任何其他物質,這便保證了酒體的純淨性。消費者在飲用時不口幹,飲後不上頭,也不太會滿身酒氣。

一個很有趣的事實是,在很多年裡,茅台酒廠並沒有把「不上頭」作為廣告的宣傳點。正如尼爾森調查所顯示的,是消費者在主動傳播,而帶來的病毒式感染力卻十分驚人。尤其是在高端消費圈層中,健康和安全是所有商品消費的第一前提,當「不上頭」成為茅台酒的飲後體驗共識,便自然地引發了嘗試和傳播效應。

如果說「不上頭」是消費者自我發現的體驗感知,那麼在很多年裡,茅台酒廠則一直在進行「不傷肝」功能的研究和傳播。這是一個風險很大,同時也與普遍認知相衝突的課題,但是在季克良等人看

---

[1] 季克良、郭坤亮,《周恩來與國酒茅台》,世界知識出版社,2005年。

來，這卻是茅台酒最為神祕的一個功能。

1993 年 5 月，新華社發表了一篇新聞通稿，題為《國酒茅台新發現，天天飲用不傷肝》。文內稱：「即使天天喝茅台酒，每天飲用 150 克以上，對肝臟也無損害。」

文章的這一結論來自茅台酒廠職工的一次專項體檢。

參加體檢的共有 40 名，年齡段在 34 歲到 54 歲之間。他們是製酒三車間和酒庫車間的職工，因生產和工作需要，都大量飲用茅台酒超過 10 年，時間最長者達 37 年。

根據國內外醫學資料顯示，每天飲烈性白酒在 80 至 120 克持續 10 年以上者，90% 可能有脂肪肝，10% 至 35% 有酒精性肝炎或肝硬化。

而受檢的這 40 名職工，飲酒量、飲酒齡、累計飲酒量顯然已達到或超過了上述資料統計。但由遵義地區有關專家進行的這次專項體檢卻發現，除一例原本便患肝炎的職工之外，其餘職工身體健康，經 B 超、肝功能檢查，肝臟無任何病變。[2]

據季克良的講述，在這次體檢之後，酒廠醫務人員擴大體檢範圍，又對全廠每天飲酒 150 克、飲酒史在 10 年以上的職工進行了一次肝臟檢查，結果發現，在全部接受體檢的 236 名職工中，除了有一位本身患有肝炎的職工之外，其他職工肝臟一切正常，沒有纖維化的

2　新華社通稿，1993 年 5 月 28 日，作者李新彥、周曉農。

跡象。

隨後，貴陽醫學院的程明亮教授展開了「貴州茅台醬香酒對肝臟的作用及其影響的研究」課題研究。他在實驗過程中發現，茅台酒含有超氧化物歧化酶（SOD），並能誘導肝臟產生金屬硫蛋白，這兩類物質可以清除體內多餘的自由基，對肝臟的星狀細胞起到抑制作用，從而防止了肝纖維化。

在接受我的訪談時，季克良津津樂道地講了好幾個喝茅台酒之後胃病、糖尿病和幽門螺桿菌感染得到改善的故事，所列舉的人物，不乏媒體總編、企業家乃至醫學專家等。

社會認知：最好的蒸餾酒

在茅台酒的傳播史上，1915年的巴拿馬萬國博覽會獲獎是一個標誌性事件。儘管到今天，這件事仍然存在著一些爭議，但是在客觀上，這次獲獎的社會認知效應在燒房時代就已經發生了。

1935年，紅軍在茅台鎮三渡赤水，總政治部發布的保護通知中就提及「私營企業釀製的茅台老酒，酒好質佳，一舉奪得國際巴拿馬金獎，為人民爭光」。在創作本書的過程中，我收集到一份民國三十五年（1946年）《中央日報》上的茅台酒廣告，其中的廣告詞為：「此酒為貴州回沙古泉和各種麥料所釀成，乃西南名貴珍品，曾在美國巴拿馬賽會列為世界第二名酒⋯⋯」

中華人民共和國成立之後，在巴拿馬萬國博覽會獲獎之事被寫於茅台酒的酒瓶背標文字中，1955年的酒標上如是寫道：「貴州茅台酒，產於仁懷茅台鎮，已有二百餘年悠久歷史，釀技精良，味美醇香，有

助人身健康之優點,行銷全國頗受各界人士歡迎,誠為酒中之無上佳品,解放前曾在巴拿馬賽會評為世界名酒第二位⋯⋯」

在很長一段時間裡,茅台酒與法國科涅克白蘭地、英國蘇格蘭威士卡並稱為世界三大蒸餾名酒,這一定位讓茅台酒以「中國白酒代表者」的形象,構成了消費者的普遍認知。2000年,季克良撰文認為「貴州茅台是世界上最好的蒸餾酒」,並提出了八個方面的事實依據,其中最主要的一條是:「茅台酒的成分種類是所有蒸餾酒中最多、最豐富、最協調、最有層次感的『複合香』。」

2015年11月,美國三藩市市為巴拿馬萬國博覽會一百周年舉辦了一場隆重的紀念活動,華裔市長李孟賢(Edwin M.Lee)宣布,將每年11月12日定為三藩市的「茅台日」。他在致辭中說:「這讓我們有機會回顧舊金山的歷史,茅台的經歷,已經成為三藩市過去的重

⊙ 2017年,李保芳向李孟賢夫婦介紹茅台酒。

⊙ 2015 年,巴拿馬萬國博覽會獲獎一百周年海外慶典現場,兩位外國友人對茅台酒充滿興趣。

要組成部分。」

　　在釀造觀念層面,西方蒸餾酒與中國白酒,便是理性哲學與感性哲學的鮮明較量。前者工藝較為簡潔,不追求複雜性,品質比較容易控制;後者則從製麴開始便進入了與「天地同釀」的混沌流程,尤其像茅台酒這樣的產品,更受到節氣、地理條件和微生物種群的影響,其釀造過程充分展現出東方式的陰陽哲學之美。

　　如果從消費的流行趨勢來看,可以清晰地發現,中國白酒在本土市場的勝利,與經濟發展和中國文化意識的蘇醒有強烈的正相關性。

　　在西風東漸的 20 世紀末,代表西方文化的葡萄酒曾經引來爆發式的增長,一度成為中高端主流餐飲的首選酒類。

　　然而,進入 21 世紀之後,隨著經濟的繁榮,尤其是隨著新中產的崛起和改革開放之後出生的一代人成長為核心消費者,國家自信成

為主流的意識形態，中國傳統文化迎來全面復蘇。在商業世界，則呈現為「故宮現象」、新國貨效應以及漢服的流行等等。2008年，北京舉辦奧運會；2010年，中國成為世界第二大經濟體；2012年，中國在國際外貿和全球製造業中的占比超過美國；2019年，中國人均GDP超過1萬美元這一系列的發展事實，極大地提升了中國的文化自信和商品自信，也是在這一歷史性的國家復興中，中國白酒實現了一次碾壓式的超越。

我們來看一組對比資料：從2010年到2022年的13年間，中國白酒產業的年複合增長率高達22%，市場規模突破6000億元，多家白酒企業的市值超千億元，茅台和五糧液更高達萬億元。而葡萄酒產業，2010年全國產量為108.88萬噸，到2022年竟下降到26.8萬噸，進口葡萄酒銷量也處於連年下滑的狀態。

白酒對葡萄酒的主流替代，本質上是一次文化認同的回歸和社會認知的反覆運算。

情感認知：在最重要的時刻想起它

20世紀20年代，出生於一家法國救濟院的香奈兒小姐推出了「小黑裙」，它的簡約風格完全不同於歐洲貴婦人服飾的繁瑣風格。香奈兒告訴全巴黎的女生：「生活不曾取悅我，所以我創造了自己的生活。」這種女權主義式的宣言，被強烈地賦予到一件簡潔明快的裙子上，對其的價值認同，構成了香奈兒品牌的全部現代性。

茅台酒的經營者一直拒絕把茅台酒定義為奢侈品。在他們看來，茅台酒的平民化也許無法以低價來迎合，卻可以用情感呼喚的儀式感

來展現。

　　人是一種情感動物，而白酒是最合適的情感類消費品，它同時具有社交的屬性，因而又需要在情感認知上帶有相當的共情性。

　　卡洛琳・考斯梅　在《味覺》一書中說，相比於視覺和聽覺，味覺和嗅覺的肉體性更強，美食和美酒所產生的快感更容易讓人成癮和沉迷。同時，它們在成為社會活動一部分的時候，又將為審美感受提供某種隱喻。[3]

　　在一個餐飲社交場合，人們選擇一種菜品和一款飲用酒的過程，就是一次情感認知的討論和共識，它天然地帶有話題性和身份感。甚至，這一行為本身具備了「選擇—認同—排他」的認知程式。

　　在計劃經濟時代，茅台酒主要在公務消費的政界和外交界流通，尤其在軍界，由於對「三渡赤水」的濃烈情結，人們對茅台酒的喜愛更多的是洋溢出為革命歷史而自豪。而由於茅台酒的稀缺性，它往往只出現在最重要的那些時刻：出征、凱旋、老戰友相聚、招待最尊貴的客人。中國自古是一個注重禮儀的國度，這一情感認知很自然地具備了自上而下的傳遞效應，它也成為很多年裡茅台酒備受追捧的情感原因之一。

　　圍棋國手聶衛平曾經回憶過一瓶茅台酒的故事。在 20 世紀 80 年代，中日圍棋界每年舉辦一場擂臺賽。由於種種特殊原因，它成為國民關注度極高的年度體育賽事，聶衛平、馬曉春等人因戰績優異而一度被視為國家英雄：

---

[3]　卡洛琳・考斯梅爾，《味覺》，中國友誼出版公司，2001 年。

我曾經收藏了一瓶非常珍貴的茅台酒，是80年代的時候，耀邦叔叔（時任中共中央總書記）為獎勵我在中日圍棋擂臺賽上過關斬將送給我的。他當時跟我說，這瓶酒不是國家的獎勵，而是他的私人收藏。據耀邦叔叔說，當時這酒有兩瓶，一瓶給了我，一瓶給了鄧小平。[4]

聶衛平一直珍藏著這瓶酒，而他本人又是一個狂熱的足球愛好者。2001年10月7日，中國男足在瀋陽五裡河體育場以1：0戰勝阿曼，第一次闖入世界盃。聶衛平飛去瀋陽觀看了這場激動人心的比賽，球隊獲勝後，心情激蕩的他當晚拿出那瓶茅台酒，與幾位好朋友和國足球員開瓶祝賀。

像聶衛平這樣的故事，在有關茅台酒的口述史料中比比皆是。

進入市場經濟時代之後，非公務消費的比例日漸提高，而茅台酒始終堅持高定價和高端品牌戰略，所以，在相當長的時間裡，它一直不是銷量最大、營收最高的酒企。這一漫長的過程，是一次伴隨新中產崛起的成長史。唯一沒有改變的是，茅台酒出現的場景，仍然是那些重要而具有儀式感的時刻。

我問季克良：「在這麼多年裡，哪一次的飲酒體驗令你印象最為深刻？」

他跟我講了一個故事：有一次，他去一家餐館吃飯，看見旁邊有一家人在聚餐，慶賀兒子考上了大學，父親特地開了一瓶茅台酒。從服裝和談吐看得出來，這是一個普通的工薪家庭，一桌人老老小小七

4　胡騰，《茅台為什麼這麼牛》，貴州人民出版社，2011年。

⊙ 家庭留影舊照。在 20 世紀七八十年代的部分中國家庭中，茅台酒是一家人最自豪、最重要時刻的選擇。

八口，祖孫三代，一瓶茅台酒在大家的手裡流轉，小心翼翼地倒進一個個小酒杯，歡聲笑語濺滿一席。他說：「我站在一邊看了很久很久，那是我最為快樂的時刻，眼角還有點濕了。這戶人家未必經常喝得起茅台酒，但是，它成為家庭最自豪和最重要時刻的一個選擇，我釀酒一輩子的意義，就都在這裡了。」

季克良的回答讓我很意外，不過仔細琢磨，這卻可能是茅台人全部的理想。

任何具備強烈情感認知的商品，往往並不以使用頻率為考評的標準，而更主要地體現在它出現的場合，以及它出現時可能引發的情感

⊙ 2011年，在茅台集團，乒乓球世界冠軍松崎君代女士將當年周總理贈送給她的茅台酒交到季克良手中。

共鳴。在這個意義上，茅台酒成了一個帶有儀式感的情感符號——在最重要的時刻想起它，與最重要的人分享它。

增值認知：越陳越香，越陳越貴

幾乎所有的奢侈品都具有兩個特性：傳承性和增值性。

「沒人能擁有百達翡麗，只不過為下一代保管而已。」百達翡麗的這句廣告詞實則在進行一種心理暗示：時間的意義在於延續，人生也無非如此。

能夠把你的生命與下一代乃至再下一代人連接在一起的「記憶物」，其實很少很少，這一塊表也許是其中之一。如果你得到了這個暗示並對之認同，那麼，你很可能就會咬著牙去擁有一塊百達翡麗。

在所有的產品中，酒是一種最好的時間禮物，它不會黴壞，而且

越陳越香。在中國酒史上，紹興黃酒便有一個流傳千年的習俗：當地人家在生下子女的時候，會同時釀下美酒藏於地窖，生兒子的叫「狀元紅」，生女兒的叫「女兒紅」，待到子女長成婚嫁之際，開罈慶賀，是為最珍貴的禮物。早在魏晉時代，文人筆記中就有相關記載。[5]

茅台酒廠在 20 世紀 90 年代推出陳年酒，實際上做的便是「時間的生意」。2014 年，酒廠推出生肖酒系列，每年一款，很受市場的歡迎。

在 2007 年前後，茅台酒的收藏市場開始悄然出現。在這次創作中，我訪談了「茅友圈」的創始人余洪山。

余洪山是一個「80 後」，父親早年在北京做老酒回收的小生意，他 20 歲的時候就進入了這個行當。到 2007 年，他專注做茅台老酒的收藏和銷售，一年的營業額將近 10 億元。2022 年 3 月，他在貴陽開了一個占地 1000 多平方米的茅友圈文化收藏館。

在這個文化收藏館裡，我看到，1980 年的五星牌茅台每瓶售價 5.5 萬元，1990 年的鐵蓋茅台每瓶 2.7 萬元，2000 年的飛天茅台每瓶 9500 元，2010 年的飛天茅台每瓶 4700 元。按照這個價格表來推算，茅台老酒每隔 10 年增值 1～1.2 倍，年均複合增值率在 8%～10%。文化收藏館裡還陳列著許多個性類和紀念類茅台酒，其中，8 瓶套裝的「燕京八景」售價 6.3 萬元，36 瓶一套的世博會紀念酒售價 60 萬元。生肖酒的價格也在逐年上漲，2014 年的馬年茅台每瓶售價 2.05 萬元，2016 年的猴年茅台每瓶售價 6500 元。

---

5 比如，晉代嵇含撰，《南方草木狀》。

從這一牌價表可以發現，在過去的 40 年裡，茅台酒的市場交易價格一直處在溫和增值的通道裡，因而也具備了硬通貨的類金融屬性。在很多人看來，它似乎是一種「液體貨幣」。有不少「茅粉」每年買新酒、喝老酒，算是對自己的一份犒勞。

在文化收藏館，我還遇到了一位前來選酒的女士，她以每瓶 5700 元的價格選購了幾箱 2007 年的飛天茅台，又以 2.3 萬元的價格買了一瓶 1996 年的鐵蓋茅台，這是她送給那年出生的女兒的禮物。

余洪山告訴我，這是最典型的茅台老酒消費者的購買行為：用於高端宴請，或作為紀念禮物贈送。這一圈層的購買者很少進行投資套利，而是在日常消費中抵消通貨膨脹的壓力。如果開瓶飲用和增值預期同時存在，那麼，這是一個良性而可持續的消費型收藏品模式。

⊙ 2021 年 6 月 18 日，英國倫敦蘇富比拍賣行一箱 1974 年的葵花牌茅台以 100 萬英鎊（約 900 萬元人民幣）的價格拍出。

20
時間與資本

> 如果你瞭解一家企業,如果你對它的未來看得很準,
> 那麼很明顯,你不需要為安全邊際留出餘地。
> ——華倫・巴菲特

茅指數:題材、現象或信仰

英國的帝亞吉歐是全球最大的洋酒公司,它由大都會(Grand Metropolitan)和健力士(Guinness)兩大公司於1997年合併而成,其產品橫跨蒸餾酒、葡萄酒和啤酒三大品類,業務遍及180多個國家和地區。

帝亞吉歐旗下匯聚了200多個顯赫的歐美酒類品牌,全球七大烈酒冠軍品牌中,帝亞吉歐坐擁其三。

其旗下品牌包括:世界排名第一和第二的蘇格蘭威士忌品牌尊尼獲加(Johnnie Walker)、珍寶(J&B),世界第一伏特加品牌斯米諾(Smirnoff),世界第一利口酒品牌百利甜酒(Baileys),世界第一龍舌蘭酒品牌豪帥金快活和銀快活(Jose Cuervo Gold&Silver),世界第一黑啤品牌健力士(Guinness),世界第二朗姆酒品牌摩根船長(Captain Morgan)。

2017年4月,貴州茅台的市值超過帝亞吉歐,成為全球市值第

一的烈酒公司。從收入和盈利能力來對比，2018年，貴州茅台實現736億元人民幣的營業收入，對應352億元淨利潤，其淨利率為47.83%；而帝亞吉歐在這一年的營業收入和淨利潤分別為121.63億英鎊（約合1057億元人民幣）和31.6億英鎊（約合261億元人民幣），淨利潤率為25.98%。

到5年後的2023年4月，貴州茅台的市值為2.29萬億元人民幣，約為帝亞吉歐的三倍。

在2022年的中國企業市值排行榜上，貴州茅台名列第二，僅次於騰訊控股，排在阿里巴巴、中國工商銀行、中國建設銀行和中國移動之前。在國內的滬深兩市，貴州茅台雄踞市值第一，並且是目前唯一一隻股價超過1000元的股票。

2020年9月，國內最大的金融資料分析公司萬得（Wind）別出心裁地推出了一個全新的概念指數——「茅指數」。它涵蓋了滬深兩市中的30家「類茅台」公司，主要指消費、醫藥以及科技製造等領域擁有較強成長性及技術實力的龍頭公司。在後來的幾年裡，「茅指數」與滬深300指數成為機構投資人觀察和選擇績優股的評價參數。在民間的輿論市場上，散戶則喜歡把那些高成長、值得押注的公司冠以各種「茅」，比如，寧德時代被戲稱為「甯茅」，片仔　被稱為「中藥茅」，海康威視被稱為「安防茅」，等等。

從來沒有一家中國公司，在投資市場上擁有過這樣的待遇，它是一把雙刃劍，一側指向讚譽，一側指向毀謗。

貴州茅台這檔股票既是「題材」又是「現象」，而在一些人心目中，它更是一種「信仰」。圍繞它所發生的各種爭議，往往超出了白酒產業甚至茅台公司本身，帶有強烈的時代性和公共性。在一些人看

來,它是「股市之錨」,代表了價值投資理念的中國標本,而在另一些人看來,它是一個被集體炒作起來的「巨型泡沫」,是莊家收割散戶的白色鐮刀。還有一些人則把茅台的高市值與美國科技股進行比較,視其為一種尷尬或恥辱。

2012 年:雙殺式危機

關於茅台的這一切,都始於 2012 年。

這一年,貴州茅台交出了一份十分亮眼的財報:生產基酒 4.3 萬噸,同比增長 8.33%;實現營業收入 265 億元左右,同比增長 43.8%;淨利潤 133 億元,同比增長 51.9%。

淨利潤增速超營收增速,營收增速超產量增速,沒有比這更好看的曲線圖了。

在 2012 年年初,酒廠把飛天茅台的出廠價從 619 元一口氣提升到 819 元,是歷史上提價最多的一次。儘管如此,市場需求仍然十分旺盛,經銷商的零售價格同步從 2000 元提高到了 2300 元。

然而,也是在這一年的年底,茅台遭遇建廠以來的又一次危機——在某種意義上,也是考驗最為嚴峻的一次。

危機發生在兩個層面,一是政策面,二是行業面。

2012 年 12 月 4 日,中共中央政治局會議審議通過《十八屆中央政治局關於改進工作作風、密切聯繫群眾的八項規定》,即中央八項規定,提倡精簡節約,嚴令禁止官員出入高檔消費場所。此後,各地紀委厲行嚴查,高檔場所及高價煙酒的消費頓時蕭條,杭州西湖邊的 30 家高檔會所被全數關停。

在企業界，第一個被摧毀的上市公司是湘鄂情，它是京城高端餐飲的龍頭，所有門店都開在各大部委集中的黃金地段。中央八項規定出臺後，一夜之間門店門可羅雀，在接下來的一年裡，湘鄂情相繼關閉了 8 家門店，公司巨虧 5.64 億元。

在這一次的整頓中，茅台酒成了「焦點中的焦點」，因為在很多人看來，它就是高價酒的代名詞。公務性消費在茅台酒的總銷量中到底占多大的比例？茅台酒廠其實並沒有確切的統計，市場普遍認為，應該占 35% ～ 40%。

在政策面出現突變的同時，一個行業性的惡性事件也意外地發生了：2012 年 11 月 19 日，上海的一家檢測機構在酒鬼酒中驗出塑化劑（DBP）含量超標 2.6 倍，迅速引發輿論風暴。

雙殺效應之下，在接下來的一年裡，高端白酒的銷量斷崖式下跌。體現在終端的零售價上，飛天茅台從 2000 多元一路下跌到 850 元。這意味著經銷商已經無利可圖，甚至可能賣一瓶虧一瓶。

與此同時，資本市場上的白酒板塊也集體狂跌，茅台、五糧液和瀘州老窖等的股價跌幅約為 35%，汾酒和洋河更是跌掉了 46% 和 58%。14 家白酒上市企業的市值縮水超過 2500 億元。

最看好茅台酒的人是誰

凜冬來臨，有的人看到了絕望，有的人看到了光。

在悲觀氛圍濃烈的 2012 年年底，一件頗讓人意外的事情是，最看好茅台酒的，居然是資本市場的投資人，其中最廣為人知的是深圳的投資人林園和但斌。

林園在 2003 年就開始買入貴州茅台的股票。他是一個低調而勤勉的投資人，幾乎每年都參加茅台的股東大會，還曾到茅台鎮實地走訪。有一年，他參加茅台投資者晚宴，季克良向他敬酒，林園不喝酒，於是推辭。然而，季克良看到林園的酒杯裡還有酒，就拿起來一口飲下，說自己不捨得浪費好東西。這讓林園看到了茅台人的不一樣。

　　2012 年危機來襲時，林園仍然堅定持有茅台股票。在他看來，飛天茅台只要能夠以 819 元的價格賣掉，公司盈利就有保障，別的因素對它都不構成影響：「茅台市場價賣 2000 元或者是 1000 元，都與茅台的股價無關，股東只能享受 819 元所產生的利潤。茅台的經銷商是每月按計劃進貨的，而不是想要多少就有多少。從這個意義上說，茅台一天就能收足一年的貨款，因為茅台按出廠價是供不應求的。」

　　相比林園，但斌則在輿論市場上扮演了「茅台捍衛者」的角色。

　　我認識但斌是在 2010 年前後。他是國內投資圈裡的一個知名人物，在新浪微博上有上千萬的粉絲。他平日最喜歡的事情是讀書，最崇拜的偶像是巴菲特。早在 2003 年，他就開始購進貴州茅台的股票，那時的股價為 23 元，公司市值約為 80 億元。[1]

　　2017 年，但斌在一篇博客文章中寫道：「為什麼我們這麼看好茅台？因為它像液體黃金一樣珍貴！金山還有挖光的一天，只要中國人的白酒文化不變，用當地紅高粱加赤水河水釀造的成本極低的茅台酒，就能像永動機一樣源源不斷地提供現金流。」

　　2012 年 12 月 10 日，就在中央八項規定出臺的一周後，但斌在

---

[1] 但斌，《時間的玫瑰》，中信出版社，2018 年。

自己的微博上發出了第一篇看好茅台的博文:「相信茅台!對茅台品質還是要相信,白酒行業毛利這麼高,特別是茅台根本沒有利益訴求。要相信常識!塑化劑自酒鬼酒始,茅台終。過去的終歸過去,中華民族,白酒的歷史源遠流長!民族的終歸是久長、永存的!」在後來的四年多裡,但斌寫了3000多篇類似的微博,成為國內最著名的「茅台唱多者」。

跟林園、但斌一樣,在那一時期堅持唱多茅台的還有北京的私募基金投資人董寶珍。他在2013年2月寫了一篇《貴州茅台的成長是由收入水準驅動的,不會停止》。根據他的計算,從1981年到2012年,茅台酒零售價與國民人均月工資收入有一個固定的比例關係,尤其是1997年以後,基本維持在35%左右,也就是10天左右的收入夠買一瓶茅台酒。

當時有一位叫揚韜的投資人撰文《投資的邏輯》,認為「貴州茅台完美財務資料背後的成長邏輯來自三公消費,隨著國家大力限制,貴州茅台將失去成長動力」。董寶珍在網上與揚韜辯論,提出「支撐貴州茅台成長的邏輯是中國禮尚往來的文化與精神性消費的興起。若三公消費消失,茅台酒仍可以憑藉自身的特質吸引其他消費主體」。

董寶珍與揚韜的分歧,代表了市場的兩大立場。兩人在網上不斷地辯論,最後竟演出了一場「行為藝術」:當時貴州茅台的總市值為2000億元,揚韜認為將會跌到1000億元以下,董寶珍認為不可能跌破1500億元,如果跌破,他就裸奔。誰料,2013年9月17日,貴州茅台股價大跌5.58%,市值跌至1469.52億元。四天後,董寶珍在北京郊區找了一片小樹林裸奔,並上傳了兩張裸奔的視頻截圖在網上。

股價的狂瀉讓裸奔的董寶珍成了資本市場的一個笑話，他持有的茅台股票縮水七成，但是他像一塊頑石一樣繼續苦熬。他在網上繼續與人辯論，先後寫了 10 萬多字的文章。同時，他還和助手選了 80 家茅台酒專賣店，進行實地調研。他在現場看到，「當把茅台酒和任何一款中國白酒放在一起的時候，只要價格差距在 300 元以內，大部分人都會選擇茅台酒，白酒行業整體的價格下行有利於茅台銷量增加」[2]。

這些「茅台唱多派」，在後來的投資市場上賺得盆滿缽滿。

「保芳書記」與「三個一」

李保芳在 2015 年 8 月被任命為新一任茅台集團黨委書記。

李保芳告訴我，他從來沒有料到，自己會在職業生涯的最後幾年被派到茅台來工作。出生於 1958 年的他，畢業於貴州財經學院工業經濟系，在六盤水市工作了 20 年，一路幹到常務副市長，後來到貴陽擔任省開發投資公司總經理，接著被任命為省經信委主任。2015 年，76 歲的季克良榮退，李保芳「空降」茅台。

高嵩是一位元服務茅台多年的品牌服務商，曾任職英國《金融時報》中文網。作為一名曾經的資深記者，他對李保芳的觀察很有細節感：「他聽別人發言時，喜歡皺眉頭，歪著腦袋想，到了自己關注的點，他就插話發問，寥寥幾句，直擊要害。聽他講話，能感覺到他獲

---

[2] 董寶珍，《價值投資之茅台大博弈》，機械工業出版社，2020 年。

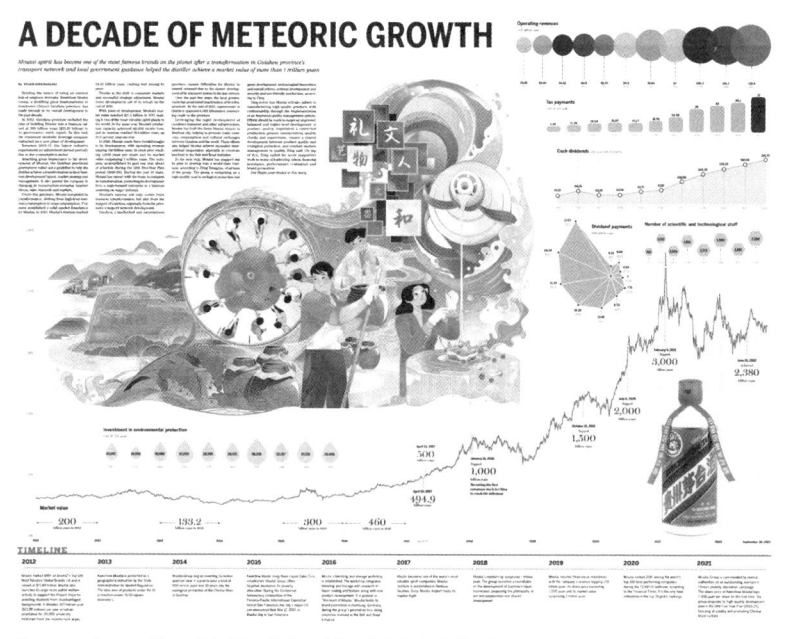

⊙ 2022 年 10 月，《中國日報》刊載《茅台十年》專題文章，梳理了茅台近十年來的市值與營收變化、環保投入、科研人員數量等。

得過系統宏觀經濟的職業訓練，對數字敏感，能迅速找到癥結和方向，所以，言之有物，解渴。」[3]

李保芳到任的時候，茅台酒的股價在 190 元上下震盪，終端價格跌到 800 元的谷底。2015 年 12 月底，茅台酒廠召開一年一度最重要的全國經銷商大會，李保芳第一次在公眾面前亮相。會場上，一些經

3　高嵩，《背影裡的保芳書記》，個人筆記。

銷商熬不住了，有人甚至公開低價轉讓經銷資格。李保芳在發言中說：「經銷商如果有眼光，現在就應該申請加量。一年後，你再來找我，我不會批給你。」[4]

李保芳的「喊話」，很快在市場上得到了印證。茅台酒的市場價格在 2016 年年初出現強勁反彈，在短短 3 年多的時間裡，從 800 元上漲到 2700 多元。貴州茅台的股票價格到 2018 年年初漲至 700 元。從 2020 年 3 月至 2021 年 3 月，貴州茅台又開啟了一波淩厲的上漲行情，總市值從 1.3 萬億元一度飆升至最高 3.27 萬億元。也就是說，從董寶珍裸奔的 2013 年 9 月到最高點，貴州茅台在 8 年時間裡，市場零售價上漲 3 倍多，股價上漲了 22 倍。

李保芳是在 2020 年 3 月退休的，在茅台任職不足 5 年。在這一階段，他領導下的茅台實現了「三個一」：股價突破 1000 元，營業收入突破 1000 億元，市值突破 1 萬億元。

就在李保芳任職期間，茅台酒廠發生了一場廉政風暴。2019 年 5 月，曾擔任酒廠黨委副書記、董事長的袁仁國因涉嫌貪腐被審查。他是 1975 年加入酒廠的那批知識青年之一，曾在茅台酒的市場建設中立下赫赫戰功，最終卻因受賄而入獄，被判處無期徒刑。在那一時期，李保芳與時任總經理李靜仁、紀委書記卓瑪才讓等人，在保證正常生產經營的前提下，進行了「由治到穩」的專項整治和管理層建設。

---

[4] 飛天茅台的定價系統十分獨特，分為出廠價、市場指導價和終端零售價。其中，出廠價和指導價由酒廠控制，零售價則完全開放為根據市場供需波動。2012 年 9 月，每瓶飛天茅台的出廠價由 619 元提高到 819 元，2018 年 1 月提價到 969 元，此後穩定了 6 年，2023 年 11 月，提價到 1169 元。

在我調研期間，還有一件與李保芳有關的事情被人津津樂道，那便是平息「國酒」糾紛，與各大名酒企業化干戈為玉帛。

早在 2001 年 9 月，茅台酒廠首次向國家工商行政管理總局商標局提交「國酒茅台」商標申請。此後 17 年間，茅台提交申請多達 11 次，均以被退回而告終。漫長的歲月裡，山西汾酒多次對茅台「國酒」一說提出異議。

2018 年 7 月下旬，茅台酒廠向北京智慧財產權法院提起訴訟，起訴國家商標評審委員會，要求其撤銷「不予註冊」的複審決定。此外，茅台還將五糧液、汾酒等 31 家機構和企業列為第三人。

然而，就在提起訴訟不久後，茅台決策層經過再三討論與權衡，決定放棄這一訴求。高嵩在筆記中記錄了一個場景：

2018 年秋，我隨保芳書記參加陝西西鳳酒辦的酒業論壇，他的發言聊了很多強化合作的意願。同時，逐一評點東道主的業績，並歷數五糧液、汾酒等具體的亮點，令聽的人很舒服。晚上，見他端著一個碩大的酒杯，與眾多酒企巨頭碰杯，那晚，沒有喝茅台，而是西鳳。[5]

就在那次酒業論壇後不久，茅台酒廠發布聲明，放棄「國酒茅台」商標註冊申請。李保芳還給汾酒、五糧液等酒企的掌門人寫了親筆信，表達了共棄前嫌、同赴未來的意願。

2019 年 6 月 29 日，鹽津河畔「國酒門」的「國酒」字樣被拆除了。

5　高嵩，《背影裡的保芳書記》，個人筆記。

⊙ 2022 年，在貴陽採訪李保芳。

在隨後的一個月裡，全國各地門店的「國酒茅台」標誌均被撤下，改為「貴州茅台」。

茅台人的退讓，體現了「周而不比」的古風。老子《道德經》曰：「天之道，不爭而善勝，不言而善應，不召而自來。」在競爭戰略上，對「國酒」稱號的放棄，讓中國的整個白酒產業「放下，即實地也」，重新回到品質和服務創新的主道上。

與鄒開良、季克良等人濃烈的茅台生死情結不同，李保芳自稱是一個「過客」。在去職前的一次管理會上，他說：「我在茅台，註定會是一個過客。到了我離開的那一天，我會毫不猶豫，轉身就走。放下、忘記，並且學會獨處。」

長期主義的價值點

2020 年，全球經濟受新冠病毒大流行的衝擊，絕大多數國家陷

入經濟負增長的困境,商業世界更是哀鴻遍野。英國《金融時報》發布文章《在疫情期間全球表現最優的100家公司》,在所列舉的公司名單中,貴州茅台名列第20位,不僅是全球唯一一家進入前20名的食品企業,也是前20名中少有的實體企業代表。

這些最具抗跌性的實體企業還包括:科技公司蘋果、晶片公司英偉達、生物製藥公司艾伯維、汽車公司特斯拉和奧迪。它們與茅台一起,成為當代價值投資的標本型案例。

價值投資理論是班傑明·葛拉漢提出來的,而最忠實且成功的實踐者則是他的學生華倫·巴菲特。這一理論的核心是要求投資人回到公司的基本面,發現它的核心價值和安全邊際,在長期的持有中同享成長的紅利。

關於公司的投資價值,巴菲特有過一段很經典的表述:「在投資的時候,我們把自己看成是企業分析師——而不是市場分析師,也不是宏觀經濟分析師,更不是證券分析師。一個投資者必須具備良好的公司判斷,同時必須把基於這種判斷的思想和行為同在市場中的極易傳染的情緒隔絕開來,這樣才有可能取得成功。」[6]

價值投資的敵人是非理性波動。在資本市場上,一家公司的股價波動並不完全取決於它的基本面,在很多時刻,它會受到外部環境和市場情緒的影響。1974年,美國政壇受「水門事件」影響而產生震盪,同時受能源危機的影響出現嚴重的經濟滯脹,華爾街股市崩盤,一向業績穩健的可口可樂股價一度暴跌68%。在2008年的金融危機中,

---

6 巴菲特,《巴菲特致股東的信》,機械工業出版社,2019年。

⊙（左）2016 年，茅台酒在《金融時報》（德國版）刊登的全版廣告
（中）2018 年，文化茅台走進澳大利亞宣傳海報
（右）2019 年春節，茅台在臺灣《旺報》的全版廣告

可口可樂股價的最大跌幅也將近 50%。

即便在新經濟領域，這一景象也不罕見。2020 年 9 月，在疫情衝擊下，蘋果公司的股價在 12 個交易日中暴跌 22.6%，市值蒸發 5000 多億美元。在 2022 年下半年，受能源危機和美聯儲加息影響，特斯拉股價一度暴跌 60%。如果說投資之神是羅馬神話裡的雅努斯，那麼理性與非理性正是它的兩副面孔。相比美國，中國的股市更是一個被情緒和題材操控得十分嚴重的散戶王國，在很多年裡，價值投資的信徒們很難在這裡真正實踐他們的理論。也正因此，當貴州茅台被林園、但斌等人發現之後，便成了一個最具說服力的投資標的。

在價值投資的理論框架裡解讀茅台，我們可以發現三個與長期主義有關的價值點。

首先是文化價值。中國獨特的白酒工藝和飲用文化，為茅台等白酒品牌提供了豐饒的精神消費市場，同時也構築了一道無形的文化護

⊙（左）2020 年，文化茅台走進坦尚尼亞宣傳海報
（中）2022 年，茅台在英國《金融時報》上的整版廣告
（右）2022 年重陽節，茅台在中國香港《大公報》上的整版廣告

城河，可以抵禦所有跨國公司的攻擊。在市場行銷的意義上，白酒之爭是一場變數很小的內戰。

從文化消費的意義上，但斌甚至認為茅台酒的商業模式存續 200 年的概率非常大：「如果貴州茅台每年僅以 2% 的速度提價，200 年後銷售 6 萬噸酒就有 2.8 萬億元利潤。貴州茅台還有一個非常可貴的地方，在於其產品在 1951 年至今按 11% 的年複利提價，在未來的 200 年裡，11% 的複利可能有點多，但如果按 5% 的複利增長來計算，200 年後其利潤將達到 4.669 萬億元。」[7]

其次是時間價值。「陳酒彌香」的消費者認知，讓白酒企業的庫存可以順滑地轉化為資產，這是其他很多行業完全不具備的特點。林

---

[7] 但斌，《時間的玫瑰》，中信出版社，2018 年。

園在購進茅台股票的2003年曾去茅台鎮調研,他發現,當時茅台的市值約為90億元,然而它在酒庫裡的陳貯酒就價值300億元,由此,他認定茅台的價值被嚴重低估。

我在茅台調研的三年間,茅台酒和茅台醬香系列酒每年銷量為6萬多噸,庫存量約為27萬噸,這無疑讓它在未來相當長的時間裡形成了難以撼動的時間資產。

最後則是品牌價值。從燒房時代開始,茅台酒就是售價最高的白酒。在後來的一百多年裡,它積澱了豐富而多元的品牌內容,並在市場上擁有龐大的中產和高淨值用戶群。

2020年之後的三年,受宏觀經濟環境和疫情管控的影響,中國的消費市場和股市陰霾密佈,貴州茅台的市值從3萬多億元跌到了2.2萬億元,再次進入一個調整的箱式週期裡。10年前發生過的爭論又如期出現,唱衰者與唱多者再次以拋售和持有表達自己的立場。從基金投資人的行動來看,有超過2300檔基金在自己的投資組合中配置了貴州茅台,其中包括六成以上的大中型消費類和混合類基金。

價值在本質上是一種最大公約數,是基於現實的預期。如果預期足夠穩定和長期,那麼投資的回報就將越豐厚。在這層意義上,對茅台的投資便具有了錨定性和基石性。

任何博弈的最終裁判,始終是時間本身。

21
茅台的年輕與科學精神

> 知其然,以科學發現茅台酒的美;
> 知其所以然,以科學闡述茅台酒美的密碼;
> 知何由以知其所以然,
> 以科學追求更美的茅台酒和更美好的生活。
> ——茅台集團

i茅台:搶占年輕人的心智

2022年3月,一個叫「i茅台」的App(應用程式)上線了。

在全球範圍內,市場份額排在首位的酒精飲料類型是烈酒,占45%;第二位和第三位是啤酒和葡萄酒,分別占34%和11%。自2010年以來,飲料偏好發生了微小的變化,烈酒的總消費量減少了3%,而葡萄酒和啤酒的份額則相應增加。

作為中國最高端的烈酒品牌,茅台酒一直在宣導「少喝酒,喝好酒」。在既有的成熟消費者中,它的市場地位在未來相當長的時間內很難被撼動。它所面臨的挑戰是,如何在年輕群體中建立起消費認知。

2022年3月28日,貴州茅台官方宣布,歷經半年時間籌備的數字行銷App「i茅台」將於3月31日正式上線。次日,蘋果應用商店

AppStore 顯示,「i 茅台」App 位列購物類第一,成為下載量最高、熱度最高的一款 App。

3 月 31 日上午 9 時,這個已成新銳「網紅」的 App 開始接受購酒預約,迎來其首批數百萬用戶的考驗。首日預約申購進展順利,短短一個小時內逾 220 萬人上線參與,4 款產品的申購數達 622 萬人次。

當天 18 時最終的申購結果顯示:珍品茅台酒每瓶 4599 元,投放量為 3526 瓶,申購人數為 140.2 萬人;虎年生肖茅台酒每瓶 2499 元,投放量為 8934 瓶,申購人數為 220.6 萬人;茅台 1935 每瓶 1188 元,投放量為 13492 瓶,申購人數為 136.7 萬人。以此資料,中簽率分別為 0.25%、0.40%、0.99%。

超高的人氣,對應的是彩票般的中簽率。為何大家的熱情如此高漲?在社交媒體上,中簽率之外的另一大話題,就是「能賺多少」。網友甚至推出了「i 茅台 App 搶什麼茅台最划算」「哪款茅台值得搶」等系列資訊。

「i 茅台」上四款商品的轉手利潤(官方建議價與市場流通價的差額)也幾乎透明:貴州茅台酒(壬寅虎年 500mL)和貴州茅台酒(壬寅虎年 375mL×2)利潤高,大約為 1300 元;珍品茅台和茅台 1935 利潤少,大約為 500 元。

到 6 月 30 日,僅僅上線三個月,「i 茅台」的註冊用戶已突破 2000 萬,日活為 400 萬,成為 2022 年的一個現象級 App。到 2022 年年底,「i 茅台」實現了 56 億元的銷售收入。[1]

---

[1] 截至 2023 年 11 月底,「i 茅台」註冊用戶超過 5000 萬,月活用戶穩定在 1200,平台交易額突破 250 億元。

作為一個互聯網產品,「i茅台」構建了一個親近年輕消費者的入口和傳播平臺。在日常的動態發布中,除了吸引人的茅台酒申購,更多的是飲酒知識和互動內容。茅台酒廠在「i茅台」上展現出面向未來的企圖心。

2022年6月,我再一次去茅台調研,走進茅台國際大酒店的時候,突然發現在大堂的左側出現了一個霜淇淋專賣店。陪同我的宣傳部同事告訴我,這是上個月才開張的,茅台與蒙牛合作,推出茅台霜淇淋,有原味和香草兩個口味。我好奇地買了兩個品嘗,果然有淡淡的茅台酒的醬香和乳香味道。到2023年3月,我又看到茅台推出酒瓶裝霜淇淋,在天貓超市現貨首發。

2023年1月1日,茅台與網易聯合出品的「巽風數字世界」App上線,首日註冊用戶數超55萬,沖到蘋果手機App下載量第一名,再現「i茅台」第一天試運行的火爆。

在一個名為「茅酒之源」的虛擬世界裡,玩家可以遊覽恒興、榮和、成義三大燒房與源·廣場遺址,還能看見其他用戶在不斷奔跑。介面裡還有很多角色,例如製酒導師、高粱研究員、環保義工等。遊戲設計者推出了「二十四節氣酒數字藏品」,在每一個節氣到來的時候,「巽風」裡都會進行一輪為期約一周的釀酒競賽。玩家可以以每天做任務獲取釀造值,包括採集高粱、清掃環境、遞送物品以及參與茅台酒知識問答等。在每個週期的釀酒競賽中,釀造值排行榜靠前的玩家將會獲得數字藏品,並享有兌換實體節氣酒的資格。

「i茅台」、茅台霜淇淋以及「巽風數位世界」的相繼出現,既是茅台酒親近年輕族群的大膽嘗試,同時也承載了茅台管理層用產業智慧思維重構酒廠競爭力的雄心。正是通過這些新項目,茅台人把雲

⊙ 排隊購買茅台霜淇淋的人擠滿了整個店鋪，其中不乏年輕消費者。

計算、冷鏈供應和物聯感知等新技術嵌入了酒廠的生產運營。

2023年9月，茅台與瑞幸咖啡聯名推出「醬香拿鐵」。這一杯散發著茅台味的咖啡，經由註冊用戶超1.5億人、覆蓋近300個城市的8000多家瑞幸門店，瞬間引發全民消費狂潮，點單小程式甚至一度崩潰。

「瑞幸醬香拿鐵」及多個相關詞條迅速登上社交平臺的熱搜榜單，並造成霸屏級的朋友圈分享。在首發的9月4日一天時間裡，「醬香拿鐵」售出542萬杯，銷售額突破1億元。

從「i茅台」到「醬香拿鐵」這兩個現象級事件，我們可以看到茅台酒在中國消費市場上的強大勢能，而這些面向年輕族群，尤其是Z世代的營銷動作，也讓人對中國白酒的生命力充滿了想像。

「尊天時，敬未來」

2022年3月20日，是農曆春分時節，古人認為這一天春色中正，「祭日於壇」。在釀製黃酒的浙江，則有「春分封壇」的習俗。當日，

首屆春分論壇——中國白酒科技與生態發展大會在茅台集團舉行，主題為「尊天時，敬未來」。

茅台一位領導者很感概地在發言中講道：「春分時節，物候陰陽相半，精髓在於平衡，舉辦春分論壇，也正是取『春之希望、分之平衡』之意。『尊天時，敬未來』表達出白酒順應天時的特點以及傳統白酒工法的生態密碼，寓意從不斷解讀傳承密碼的創新動力中，帶領白酒行業一起向未來。」

到這一年，茅台建廠整整七十載。在茅台人看來，茅台始終在科學探索的道路上孜孜以求，在生態發展方面，亦還有許多科學問題值得論證研究：

一是什麼樣的生態系統是釀酒工業需要的，「山水林土河微」生命共同體要怎樣構建；

二是對赤水河生態和周邊生態應該怎樣評價；

三是怎樣才能保證茅台生態系統的多樣性和穩定性，釀出永不變味的茅台酒；

四是對於微生物，人類能在多大程度上做到不僅認識它，而且調控它；

五是對於傳統工法，哪些該繼承，哪些該創新，要慎重對待，敬畏傳承；

六是怎樣才能保證我們釀造的美酒，讓人們喝得更舒適、更健康。

當天的會場裡坐著中國白酒業的著名專家、茅台酒廠的所有高管

以及受邀與會的季克良。會議中所提出的六個科學問題，是幾代白酒人夸父追日般接力探索的方向，它們的答案一直在風中，在路上，在無限的逼近之中。

在會場一角旁聽的我，一時之間，頗有感慨。

在《茅台傳奇》的寫作過程中，對這個在外人看來十分傳統甚至認為沒有什麼科技含量的產業，我已經稍有入門，大抵算得上是半個「白酒行家」。

我特意觀察了坐在第一排沙發旁側的季克良，從背影看不出他當時的心情。不過，我想，作為這些科學問題的第一代提出者和解答人之一，他應該欣慰於傳承的堅定和精進。

就在舉辦春分論壇的同時，茅台酒廠還召開了科技創新和人才工作大會，這是 2012 年召開首次科技大會之後的第二次，時隔 10 年。會上首次發布了茅台酒釀造的五大核心體系，系統回答了「茅台是科學還是玄學」等四個重大問題，並宣布將打造梯次人才培養計畫，布局未來 10 年科創全新規劃。

茅台對科創大會的重啟，彰顯出它的戰略意圖：用科技的發展與進步和人才體系的打造構築起茅台的未來。在茅台領導人看來，「釀造微生物是茅台最關鍵的密碼，貫穿茅台酒的每個生產環節，是密碼中的密碼。茅台基因最大的特徵，就是茅台酒釀造微生物的菌群結構，這個基因變了，茅台將不再是茅台」。

行走在可口可樂與蘋果之間

作為一名企業史和公司案例研究者，我始終把對茅台酒的調研和

寫作，置於一個更遼闊的商業變革背景下來進行解讀。它的獨特性令我著迷，而在它身上體現出的成長規律，則讓我的思考得以延伸。

在全球消費品市場，年營收超過100億美元的公司不到100家，年營收超過100億美元的單一產品更是鳳毛麟角，幾乎都是當年的現象級產品。譬如豐田的卡羅拉和RAV4、特斯拉的ModelY、福特的F-150猛禽、比亞迪的宋系列、華為的mate30和三星GALAXY系列，都在2022年達到過這一目標。

而單一產品連續多年營收超過100億美元，則是極限式的挑戰了。放眼全球範圍，只有可口可樂、百事可樂、蘋果手機和茅台酒完成了這個挑戰。

它們實施的都是單品戰略，所不同的是：「兩樂」以低價為壁壘，長期價值靠品牌來滋養；蘋果以高價為策略，競爭力靠創新來維持。

可口可樂公司在2022年的全球營收為430億美元，營業利潤為109億美元。它每一天在全球各地賣出16億瓶可樂，全年約6000億瓶，按收入單瓶比，每瓶的價格約0.64美元。

蘋果手機在2022年的全球營收為1648億美元，占全球智慧手機總收入的44%，營業利潤998億美元，占利潤總額的75%。全球智慧手機的平均售價約為322美元，而蘋果系列手機的均價為825美元。

在單品的技術路線上，可口可樂與蘋果截然不同：前者自1886年誕生以來，配方從未改變；而蘋果手機則基本每年發布一款新品，不斷更迭。

再過100年，這兩家公司如果都還存在，可口可樂很可能還是可口可樂，而蘋果公司則肯定面目全非。它所面臨的最大挑戰是：人類是否還在使用手機這種產品？

茅台酒行走在可口可樂與蘋果之間。

它在配方策略上與可口可樂相似，一旦定型，恒久不變；它在定價策略上則近似蘋果，以超過同行的價格扛住了整個行業的盈利水平線。

1988年，巴菲特以13億美元入股可口可樂，從此沒有減持過一股。在2021年，他從這筆投資中獲得的現金分紅是6.67億美元。在被問及「為什麼會長期看好可口可樂」時，巴菲特淡淡地說：「因為它與週期無關。」

週期，無論是經濟週期、產業週期還是技術週期，都會引發劇烈的波動，成王敗寇起伏其中。而可口可樂則熨平了週期，繁榮高昂的時候要喝可口可樂，蕭條低迷的時候，你還得喝。

在地球上，要找到可口可樂這樣的抗週期產品很不容易，茅台酒似乎是其中的一種——不景氣的時候「借酒消愁」，「何以解憂，唯有杜康」；景氣的時候「舉杯相慶」，「人生得意須盡歡，莫使金樽空對月」。

如果再深入地分析一下，可口可樂與茅台酒還有幾個極其類似的特點。

其一，它們都屬於非技術型驅動的產品。可口可樂的配方從1886年以來就沒有改變過，而茅台酒的技術工藝也非常成熟。所不同的是，前者的配方被鎖在保險櫃裡，而後者的「12987」釀酒工藝是完全公開的。

其二，它們的原材料成本幾乎不受通貨膨脹的影響。可口可樂的主要成分為水、糖和咖啡因，茅台酒的配料為水、高粱和小麥。這些原料都沒有資源瓶頸，也不太受到成本波動的干擾。

其三，它們都帶有強烈的「國家文化」屬性。可口可樂代表了美國新大陸的快樂文化，而茅台酒則是中國白酒文化的標竿。它們的流行，本質上是國力和國運的象徵之一。

「一萬個味蕾猛地都甦醒了」

那天在楊柳灣，我從製酒一車間的生產房調研出來，順路就拐進了旁邊的一處磚石建築。那裡是榮和燒房的遺跡，一百多年過去了，它至今還在使用。我去的時候，靜悄悄地空無一人，那裡整齊排列的12口窖池，如同一個個歷盡滄桑的酒匠，無言而散發出淡淡的窖香。空氣中飄過無數的微生物，還有王立夫、鄭義興、王紹彬以及「張排長」等人的身形，影影綽綽，如煙如實。

然後，我驅車去了一處酒庫，它營建於20世紀60年代，是目前僅有的幾處老酒庫之一。那裡石窗窄小，燈光幽暗，數百隻陶製千斤酒罈剛剛裝滿新入庫的茅台酒。

從此，未來的三年裡，在陽光不能抵達的地方，液體的生命與世隔絕，在黑暗中靜靜地生長。它們順從時間，同時與時間博弈，二者的關係緊張而複雜。這是一個古老而奇妙的過程。漸漸地，前世是高粱、小麥和水的物質融為了一體，變成了子彈、刀片、攻擊欲旺盛的戰士。

對一名茅台人而言，一杯茅台酒的生成，既是一門具體的工藝，同時也是一次抽象藝術的創造。它依賴於傳承和定量化的資料，而在更大的程度上，它是一種特殊天賦的表演。

對每一位喜歡茅台酒的人而言，它的誘惑是如此強烈，但又無可

⊙ 2023年，在茅台學院採訪一群大三學生。這所由茅台酒廠於2017年出資創辦的本科高校，每年招生1000多人，向全國酒企輸送人才。

名狀。當你的味蕾被醬香統治過之後，將很難回頭。人類所有的努力，都應該致力於讓自我復活。一杯茅台酒及它所代表的力量，不是指向永恆，而是我們的有限生命及那些平凡乃至無意義生活的倒影式呈現。人們渴望逃離平庸而清淡的生活，烈酒正好成了助人掙脫的工具。它是理性通往感性的一個通道，讓一個人在最短的時間裡，沖抵理智的邊疆，在控制與失控之間搖擺。這種體驗令人難以言表，並樂於一再與之為伍。

對我來說，茅台酒一開始是一個熟悉的陌生人，被一股神祕的力量推揉著，我一次次地走近它。

從檔案室裡那些斑駁脆弱的紙張，到各處的遺址和人們的零散口述，歷史漸漸以片段的方式斷續呈現，細節在寂靜中自言自語。我讓茅台酒說話了，說出每一個時代的曲折與榮光，說出每一個相關人的悲辛與歡悅。他們像高粱和小麥一樣卑微，卻有著人類證實自我和征服自然的驕傲。

⊙ 調研期間,我與馮沛慶在製酒二車間。

此時此刻,我飲下一杯茅台,醬香入腸,人酒一體。

乘著酒興,告訴你一個喝茅台的訣竅,是製酒二車間的馮沛慶教我的。他釀了 30 年的酒,每一批次茅台要經過七輪次取酒,每輪次的酸澀香味都不同,他能夠分辨出其中最微妙的差別。

他講的話,沒有那麼文縐縐,請容許我加工一下——

人的舌頭上有一萬個味蕾,舌尖主甜,舌根主苦,舌兩側主酸。喝第一口茅台酒要慢,但要滿一點,讓它鋪滿舌頭的整個表面,這時候你會感覺到,一萬個味蕾猛地都甦醒了。

① 民國時期，賴茅的茅形瓶：這一造型極具識別度，奠定了茅台酒瓶的基本形狀。

② 20世紀50年代末至60年代初，這個時期的茅台酒瓶用白瓷燒製，採用木塞密封。因手工製作，瓶口方向不一，瓶身上的棉紙已破損，仿佛這瓶老酒「破土而出」。

③ 20世紀60年代，出口美國的茅台酒：瓶身上的茅台酒標被美國標覆蓋，瓶蓋貼著美國海關簽，這瓶酒可謂中美外交的排頭兵。

④ 20世紀70年代，出口日本的「葵花茅台」：1971年至1974年，「葵花」商標曾短暫地代替「飛天」。這瓶酒外包裝盒上印有李白的《月下獨酌》，算得上是非常早的茅台文化酒了。

⑤ 1972年，尼克森訪華用酒：給尼克森的酒中勾進了30年的陳年茅台，據汪華回憶，「那種老醇香，不可比擬」。

⑥ 20世紀80年代的「紅星茅台」：在相當長的時間裡，內銷「紅星」，外貿「飛天」。

茅台傳奇
從匠心傳承到品牌創新、用6法12式打造全球最具價值白酒帝國

⑦ 1985 年，易地試驗廠生產的酒：茅台酒廠的兩次易地生產試驗都以失敗告終，其中第二次易地試驗生產出的酒被起名為「珍酒」。

⑧ 2010 年，上海世博會紀念酒：茅台是全國白酒訂製的先行者。在所有的茅台酒中，紀念酒因具備紀念屬性和不可複製的稀缺性，漲幅最大。

⑨ 2022 年，茅台酒全年營收超過 1000 億元。全球類似的「超級單品」只有四個，分別是可口可樂、百事可樂、蘋果手機和茅台酒。

後記

⊙ 2023年重陽定稿前夕,在茅台鎮做最後一次調研。

  關於任何一段歷史的敘事,都意味著事實的重新構建和詮釋。寫作者的所有雄心都被包裹在小心翼翼的細節考據和調研之中。往往,一個細節就通往一種真實性,而下一個細節又隱含著另外一種可能。細心的讀者當能感知到其中的艱辛和趣味橫生。

  誠如約翰‧伯格所言,歷史中的那些故事不依賴於任何思想或者習慣的固定格式,它取決於跨越時空的步伐。在足夠遼闊的時空裡,事實賦予故事以意義,而在某種程度上,它又來自這段歷史與讀者之

間的渴望和共鳴。

　　本書的創作重建了我對茅台酒的認知，也開啟了我對傳統工藝型企業如何走向現代產業的種種思考。我相信，它對當代中國的商業文明有廣譜的借鑒性，因為，只有一國的文化交融於人們的日常生活，才可能體現傳統的意義，完成代際的接力。

　　首先感謝茅台酒廠對我的寫作邀約，它對我開放了所有的檔案，並給予了充分的創作自由。這是一次不無繁複，卻也頗為愉快的經歷。有一次，我被帶到一棟20世紀80年代建造的老房子裡，一位女釀酒師拿出一瓶茅台酒請我品嘗。它的顏色已呈現淡淡的琥珀綠色，酒液倒入杯中，居然微微地高出杯口些許。把酒液點蘸於掌心，搓揉片刻後細嗅，醬香濃郁悠長。據說，這是一瓶酒齡超過60年的老酒，入口的妙處，我竟無法用文字來描述。

　　感謝酒廠的歷任領導者接受了我的採訪，他們是已經退休的鄒開良、季克良、李保芳、李靜仁、卓瑪才讓，以及現任的領導者丁雄軍、王莉、高山、段建樺、王曉維、蔣焰等。集團辦公室主任王登發是對我發出邀約的人，他和宣傳部的王幸韜十分細緻地安排了我所有的訪談。宣傳部的丁娜、李瑢、吳定龍、王黔以及戰略發展部的周雪、集團工會的姚輝、製麴七車間的祁耀、團委的魏佳佳、集團公司辦公室的嚴茂毅、股份公司辦公室的馬俊龍等同事，協助我完成了諸多對接工作並提供資料。感謝首席勾兌師王剛和首席釀造師（製麴）任金素，以及眾多一線的茅台人接受我的採訪，他們的敬業和對酒廠的熱愛，給我留下了深深的印象。

　　感謝周山榮、朱躍明、汪洪彬、鐘麗、邱福強、劉淩菲以及很多的茅台酒研究者和茅台鎮人，他們都對我的創作提供了幫助。在過去

的很多年裡，不少創作者出版了與茅台有關的書籍，我從中得到了啟發和資料，感謝胡騰、范同壽、羅仕湘等。

本書選用了200多張照片和繪畫，它們構成了文字之外的另一條敘述線。感謝高嵩、余洪山和鮑晨陽提供了大量的歷史圖片及實物照片。尤其是多年服務於茅台品牌傳播的今時傳媒，為本書的照片資料提供了很多支持。也感謝本書圖片的另外兩個授權方茅台集團和京糖國酒博物館，以及本書彩繪圖繪製者鄭曉倩。感謝攝影師趙恒翔，協助我完成了部分實地拍攝工作。

感謝本書項目負責人姚棄疾、鬱璐芳，創作助理歐家錦，以及編輯宣佳麗、錢曉曦。中信出版社編輯黃維益、徐麗娜、周志剛、付穎玥做了大量的編校工作，一併致謝。書中若有錯誤，責任全部在我。

就到這裡了。我將告別這一場關於茅台酒的寫作之旅。不過毫無懸念的是，它會與我在餘生中一再地重逢。

吳曉波

癸卯年穀雨，杭州初稿

重陽，茅台鎮定稿

茅台傳奇
從匠心傳承到品牌創新、用6法12式打造全球最具價值白酒帝國

作者	吳曉波
主編	林正文
行銷企劃	鄭家謙
封面設計	沈家音
美術編輯	魯帆育
董事長	趙政岷
出版者	時報文化出版企業股份有限公司
	108019 台北市和平西路三段 240 號 7 樓
	發行專線 02-23066842
	讀者服務專線 0800231705 02-23047103
	讀者服務傳真 02-23046858
	郵撥／19344724 時報文化出版公司
	信箱／10899 台北華江橋郵局第 99 信箱
時報悅讀網	http://www.readingtimes.com.tw
法律顧問	理律法律事務所　陳長文律師、李念祖律師
印刷	絃億印刷有限公司
一版一刷	2025 年 6 月 27 日
定價	新台幣 520 元

（缺頁或破損的書，請寄回更換）

時報文化出版公司成立於一九七五年，
並於一九九九年股票上櫃公開發行，於二〇〇八年脫離中時集團非屬旺中，
以「尊重智慧與創意的文化事業」為信念。

茅台傳奇：從匠心傳承到品牌創新、用6法12式打造全球最具價值白酒帝國／吳曉波著 .-- 初版 .
-- 臺北市：時報文化出版企業股份有限公司，2025.06
面；　公分
ISBN 978-626-419-407-5（平裝）
1.CST：酒業　2.CST：中國

481.7　　　　　　　　　　　　　　　　　　　　　　　　　　　114003975

©吳曉波 2024
本書中文繁體版通過中信出版集團股份有限公司授權
時報文化出版企業股份有限公司在全球除中國大陸地區
獨家出版發行
ALL RIGHTS RESERVED

ISBN 978-626-419-407-5
Printed in Taiwan